AF389568

8°R
7296

LEÇONS

SUR

L'ÉLECTRICITÉ.

[illegible handwritten note]

ACTUALITÉS SCIENTIFIQUES.

LEÇONS

SUR

L'ÉLECTRICITÉ,

PROFESSÉES

A L'INSTITUTION ROYALE DE LA GRANDE-BRETAGNE;

Par John TYNDALL.

TRADUITES DE L'ANGLAIS

Par R. FRANCISQUE-MICHEL.

DEUXIÈME ÉDITION.

PARIS,

GAUTHIER-VILLARS, IMPRIMEUR-LIBRAIRE

DU BUREAU DES LONGITUDES, DE L'ÉCOLE POLYTECHNIQUE,

SUCCESSEUR DE MALLET-BACHELIER,

Quai des Augustins, 55.

1885

(Tous droits réservés.)

LABORA ET NOLI CONTRISTARE

PRÉFACE DU TRADUCTEUR.

Le 12 décembre 1825, il y a plus de cinquante ans, le Conseil de l'Institution Royale de la Grande-Bretagne, dans le but de donner de l'extension au rôle qu'elle devait jouer pour la vulgarisation de la science, résolut d'instituer des séries de conférences, familières en quelque sorte et mises à la portée de la jeunesse, qui devraient avoir lieu tous les ans, pendant les vacances de Noël et de Pâques.

Les conférences des vacances de Pâques durèrent peu et ne tardèrent pas à tomber dans l'oubli ; seules, celles de Noël se sont perpétuées jusqu'à maintenant et sont toujours fort suivies, ce qui n'a rien que de très-naturel, puisqu'elles sont confiées aux maîtres les plus distingués de la science en Grande-Bretagne.

En 1875, à Noël, ce fut à M. Tyndall qu'incomba la mission d'entretenir ce jeune auditoire, et l'éminent professeur choisit pour sujet l'*Électricité ;* ce sont les conférences qu'il a faites à cette occasion qui ont été réunies en un petit volume dont nous donnons ici la traduction.

Il serait aussi téméraire que superflu d'exalter ici le haut mérite de M. le professeur Tyndall comme savant vulgarisateur; nous insisterons seulement sur ce point que l'auteur ne se borne pas à exposer la théorie et à décrire les expériences d'une façon aussi lucide qu'intéressante : il donne aussi à chacun le moyen de reproduire, à peu de frais, toutes les expériences qu'il rapporte, et de construire soi-même les appareils rudimentaires dont on doit faire usage.

C'est là, bien certainement, le point capital de l'œuvre de M. Tyndall, œuvre qui s'adresse non-seulement aux jeunes, mais encore et surtout aux professeurs de l'enseignement populaire, qui y trouveront les moyens d'improviser en quelque sorte, avec une dépense des plus minimes, un cabinet de Physique permettant d'initier la jeunesse aux théories et aux phénomènes de la science, et de lui en inculquer les principes en s'adressant non-seulement à l'intelligence, mais encore aux yeux.

Ces *Leçons sur l'électricité* nous paraissent répondre à un besoin qui se fait sentir en France depuis fort longtemps. Nous nous sommes efforcé, avant tout, de nous pénétrer des sentiments de l'auteur, et nous avons respecté le style familier, qui n'est pas certainement l'un des moindres attraits de ce petit livre ; quelque insuffisante que puisse être cette traduction, nous espérons que cet opuscule aura, en France comme de l'autre côté de la Manche, le succès auquel il a légitimement droit, puisqu'il est signé du professeur Tyndall, dont la réputation, à la fois comme savant et comme vulgarisateur, est aujourd'hui universellement établie.

R. Francisque-Michel

LEÇONS SUR L'ÉLECTRICITÉ

§ 1. — Introduction.

Bien longtemps avant Jésus-Christ, on observa que l'ambre jaune (*elektron*, ἤλεκτρον) possède, quand il a été frotté, la propriété d'attirer les corps légers.

Thalès, le promoteur de la philosophie ionique (580 avant Jésus-Christ), s'imagina que l'ambre était doué d'une sorte de vie qui lui était propre.

C'est de là qu'est sortie la science de l'*électricité*, dont le nom dérive de la substance dans laquelle on a tout d'abord remarqué cette propriété d'attraction.

J'ai l'intention, pendant six heures de ces fêtes de Noël, de vous faire connaître l'histoire, les phénomènes et les principes de cette science, et de vous enseigner la manière de l'utiliser. Elle comprend deux grandes divisions : l'une, appelée *Électricité de friction* ou *Électricité statique*; l'autre, *Électricité dynamique*. Pour le moment, nos études se borneront à la première, l'*électricité statique*, la plus anciennement connue, et que nous avons aussi appelée *électricité de friction,* parce que ses effets se manifestent lorsqu'on frotte deux corps l'un contre l'autre.

§ 2. — NOTES HISTORIQUES.

L'attraction des corps légers, par l'ambre préalablement frotté, constitua l'ensemble de toutes les connaissances du monde, en matière d'électricité, pendant plus de 2000 ans. En 1600, le Dr Gilbert, médecin d'Elisabeth, reine d'Angleterre, qui s'était déjà adonné, non sans succès, à l'étude du magnétisme, élargit notablement le cadre des connaissances humaines en électricité. Ce fut lui qui démontra que non-seulement l'ambre, mais aussi diverses sortes de bois, pierres précieuses, fossiles, pierres, verres et résines présentaient, lorsqu'ils avaient été frottés, les mêmes propriétés que l'ambre.

Robert Boyle (1675) démontra qu'un morceau d'ambre frotté, suspendu à un fil, qui attirait à lui les autres corps, était à son tour attiré par un corps que l'on approchait de lui. Il observa aussi la *lumière* de l'électricité, en expérimentant avec un diamant qui avait la propriété d'émettre des rayons lumineux, lorsqu'on le frottait dans l'obscurité.

Boyle s'imagina que le corps électrisé émettait une substance gluante, invisible, qui se portait sur les corps légers, et, retournant à la source dont elle émanait, entraînait ces corps légers avec elle.

Otto de Guericke, bourgmestre de Magdebourg et contemporain de Boyle, à qui est due l'invention de la machine pneumatique, obtint des manifestations électriques bien plus intenses que ses devanciers. Ce fut lui qui construisit en réalité la première machine électrique ; elle se composait d'une sphère de soufre à peu près de la grosseur d'une tête d'enfant ; mise en rotation au moyen d'une manivelle et frottée par la main sèche, cette sphère de soufre devenait lumineuse dans l'obscurité.

Otto de Guericke remarqua aussi, et ce point est important, qu'une plume, d'abord attirée vers son globe de soufre, fut ensuite repoussée et se maintint à une certaine distance jusqu'à ce que, ayant touché un autre corps, elle fut de nouveau attirée. Il entendit le sifflement du *feu électrique* et observa aussi qu'un corps non électrisé, lorsqu'on l'approchait de la sphère frottée, devenait lui-même électrisé et capable d'être attiré.

Les membres de l'Académie del Cimento examinèrent diverses substances sous le rapport de leurs propriétés électriques ; ils remarquèrent que la fumée se trouvait attirée, mais non la flamme, qui avait au contraire la propriété de faire perdre à un corps électrisé les propriétés qu'il avait acquises.

Ils démontrèrent aussi que les liquides sont sensibles à l'attraction électrique, en remarquant que, lorsque de l'ambre frotté est porté au-dessus et près de la surface d'un liquide, il se produit dans ce liquide une petite éminence, par laquelle le liquide se décharge finalement contre l'ambre.

Sir Isaac Newton, en frottant une plaque de verre, vit s'élancer vers elle des corps légers qui se trouvaient sur une table. Il remarqua aussi que la nature du frotteur jouait un certain rôle dans le dégagement de l'électricité, et que son habit de drap produisait un effet beaucoup plus considérable qu'une serviette.

Newton était persuadé que le corps frotté émettait un fluide électrique qui pénétrait le verre.

Dans les efforts de Thalès, Boyle et Newton pour se faire une idée de la nature de l'électricité, nous pouvons voir la preuve de cette tendance humaine à ne pas se contenter des faits simplement révélés par l'observation, mais à rechercher aussi les causes invisibles de ces effets.

Le Dr Wall (1708) fit des expériences avec des échantillons d'ambre de grandes dimensions et d'une forme allongée ; il remarqua que la laine était la meilleure substance pour frotter le verre. Cette friction produisait « un nombre prodigieux de petits craquements », dont chacun était accompagné d'un point lumineux. « Cette lumière et ce craquement, dit le Dr Wall, semblent jusqu'à un certain point représenter le tonnerre et l'éclair. » C'est là la première allusion qui ait été faite entre les rapports du tonnerre et des éclairs avec l'électricité (1).

Stephen Gray (1729) observa aussi les secousses et les

(1) *Transactions philosophiques de la Société Royale*, 1708, p. 69.

étincelles électriques. Il prophétisa en quelque sorte que,
» quoique les effets obtenus soient actuellement très-
» faibles, il est probable qu'avec le temps on trouvera
» les moyens de recueillir une grande quantité de feu
» électrique, et, par conséquent, d'augmenter la force de
» cette puissance qui, par suite de différentes expé-
» riences (s'il est permis de comparer les grands phé-
» nomènes aux petits), semble être de la même nature
» que le tonnerre et les éclairs (1). » Cette remarque, on
doit l'observer, est beaucoup plus précise et mieux définie
que celle du Dr Wall.

§ 3. — Expérimentation.

Nous venons d'esquisser quelques notes historiques
pour montrer la marche des découvertes en électricité.
Nous devons maintenant prendre ample connaissance des
faits que nous avons cités, rechercher comment ils se
sont produits et quelles conséquences on en peut déduire. L'art de reproduire ces faits, de les multiplier et
d'en rechercher les causes à l'aide d'instruments spéciaux
constitue *l'art de l'expérimentation ;* il a une grande
importance, car il nous permet, en quelque sorte, de
converser avec la Nature, de lui poser des questions et
d'en attendre des réponses.

C'est parce qu'on a négligé les expériences et les rai-

(1) *Transactions philosophiques de la Société Royale*, vol. 39, p. 24.

sonnements basés sur elles que les connaissances des anciens sur le sujet qui nous occupe ont été bornées, pendant plus de 2000 ans, au simple phénomène de l'attraction produite par l'ambre.

On ne naît pas habile expérimentateur : cet art ne s'acquiert qu'à force de travail et de pratique. Lorsque vous prenez en main une queue de billard pour la première fois, vos coups sont mal dirigés et révèlent une certaine maladresse. Lorsque vous prenez des leçons de danse, vos premiers mouvements manquent de grâce ; c'est seulement à force de *pratique* que vous arrivez à jouer au billard et à danser. De même, vous n'apprendrez qu'à la longue à bien faire les expériences. Vous ne devez donc pas vous rebuter lors de vos premiers insuccès, mais passer outre, et acquérir une certaine habileté à force de répéter vos expériences.

De cette façon, vous arriverez à être en contact direct avec les vérités naturelles, et alors vous raisonnerez non pas sur ce que vous aurez appris dans les livres, mais sur ce que la nature vous aura révélé ; et ce que vous apprendrez ainsi restera gravé dans votre imagination bien plus profondément que ce que vous aurez acquis par la simple lecture.

§ 4. — MATÉRIEL D'EXPÉRIMENTATION.

A ce point de notre étude, nous devons nous munir des ustensiles suivants :

1° Quelques bâtons de cire à cacheter ;

2° Deux morceaux de tube de gutta-percha, d'environ 40 centimètres de longueur et 15 millimètres de diamètre extérieur ;

3° Deux ou trois tubes de verre, d'environ 40 centimètres de long et 15 millimètres de diamètre, fermés à une extrémité comme une éprouvette ; le verre ne doit pas être trop mince, car il pourrait se rompre et blesser les mains ;

4° Deux ou trois morceaux de flanelle bien propre, susceptibles d'être pliés en un petit coussin comprenant deux ou trois épaisseurs, avec une surface de 30 à 40 centimètres carrés ;

FIG. 1.

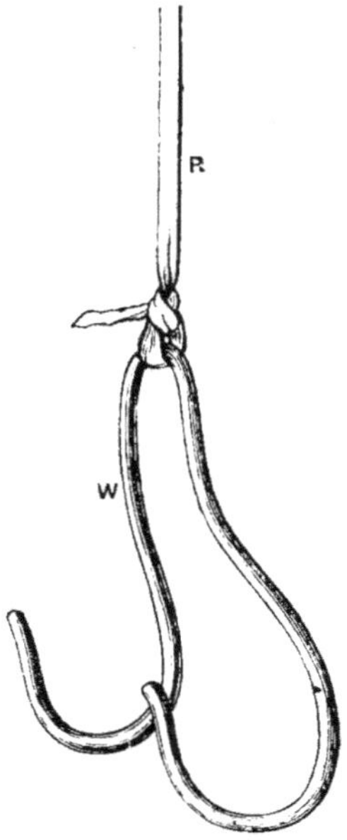

5° Une tablette de 70 à 80 centimètres carrés, et une plaque de caoutchouc en feuille ;

6° Deux coussins composés de deux ou trois feuilles de soie, de 20 à 30 centimètres carrés ;

7° Un ruban étroit de soie R, et un support en fil métallique W, de la forme indiquée par la *fig.* 1, sur lequel on puisse suspendre des bâtons de cire à cacheter, des tubes de gutta-percha ou de verre. Un ruban de soie étroit est préférable, parce qu'il convient d'avoir un système de suspension qui ne se torde ni se détorde sur lui-même. (Ordinairement, j'emploie un support dont les extrémités, au lieu d'être laissées en pointe comme dans la figure, sont recourbées sur elles-mêmes en forme de boucles et soudées. Si vous ne savez pas faire cette dernière opération, le support représenté dans la *fig.* 1 conviendra parfaitement. Enfin, pour effectuer la suspension, c'est-à-dire pour fixer le ruban R, un support avec traverse horizontale sera bien suffisant.)

FIG. 2.

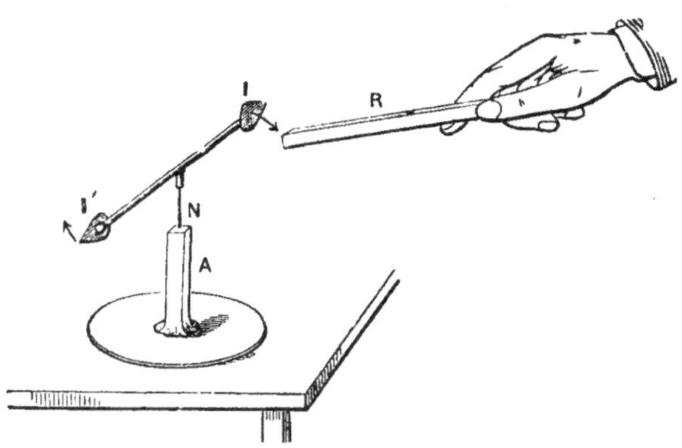

8° Une paille II' (*fig.* 2), délicatement placée sur la pointe d'une aiguille à coudre N. Cette dernière est fichée dans un bâton de cire à cacheter A, lequel est fixé sur un plateau circulaire en métal qui lui sert de pied. La *fig.* 3 représente la paille à une plus grande échelle, et séparée de l'aiguille qui la supporte. Le petit fragment de paille placé au milieu S', et qui sert de chape comme dans une boussole, est fixé au moyen de cire à cacheter.

FIG. 3.

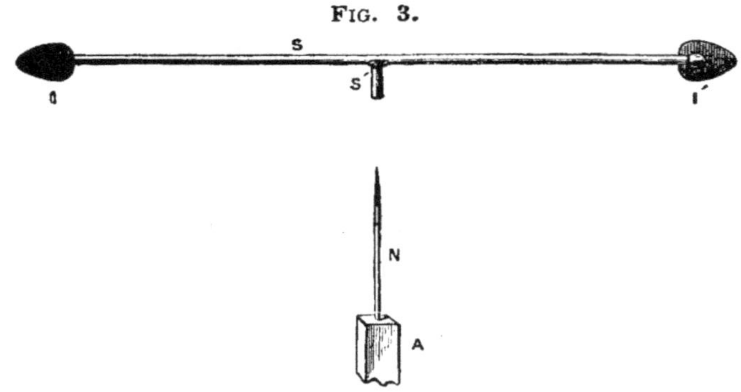

9° On appelle *amalgame* le mélange de mercure avec d'autres métaux. L'expérience a démontré que l'efficacité d'un frotteur en soie est fortement augmentée lorsqu'on répand sur ce frotteur un amalgame composé de 1 partie en poids d'étain, 2 de zinc et 6 de mercure. On doit préalablement graisser la surface de la soie avec un peu de saindoux, et c'est sur ce saindoux que l'on fixe l'amalgame. Ce dernier, s'il a durci, doit être martelé ou broyé dans un mortier jusqu'à ce qu'il soit tout à fait malléable.

On peut acheter l'amalgame tout préparé à peu de frais, chez un constructeur d'instruments ; il est nécessaire pour effectuer nos expériences.

10° Ces quelques pages ont été écrites pour des jeunes gens qui ne disposent pas de beaucoup d'argent de poche, et cette liste des ustensiles nécessaires est empreinte d'idées d'économie. Procurez-vous, en dernier lieu, une

1.

brosse en poils de renard, semblable à celles dont on fait usage dans les ménages pour enlever la poussière ; celle-ci peut être, du reste, remplacée par une peau de chat.

§ 5. — ATTRACTIONS ÉLECTRIQUES.

Placez votre cire à cacheter, vos tubes de gutta-percha, votre flanelle et vos frotteurs en soie devant le feu pour les dessécher complétement. Ayez bien soin que vos tubes de verre et vos frotteurs en soie soient non pas seulement tièdes, mais chauds. Passez la flanelle vivement une ou deux fois sur un bâton de cire à cacheter ou sur un tube de verre. Une friction relativement très-faible lui donnera la faculté d'attirer la paille représentée *fig*. 2. Répétez l'expérience plusieurs fois, et faites tourner la paille dans tous les sens, en approchant, soit la cire à cacheter, soit le tube de verre que vous avez frotté avec votre coussinet en soie.

J'insiste particulièrement sur la nécessité de chauffer le tube de verre, parce que le verre a la propriété de condenser à sa surface, sous forme de couche liquide, les vapeurs aqueuses en suspension dans l'air environnant. Cette couche d'eau doit être enlevée à l'aide de la chaleur.

Je voudrais insister sur l'importance de l'expérience afin de vous rendre expert en pareille matière. Vous attirerez aussi du son, des fragments de papier, une feuille d'or, des bulles de savon et d'autres corps légers au moyen d'un tube de verre, d'un bâton de cire à cacheter ou de gutta-percha préalablement frottés. Faraday aimait beaucoup à faire rouler, à la suite et par l'effet de ses tubes électrisés par frottement, des coquilles d'œufs vides, de petits morceaux de papier et autres objets légers.

C'est seulement lorsque la force électrique est très-faible qu'il faut faire usage du support suspendu avec un ruban de soie (*fig.* 1). Avec les bâtons de cire, les tubes et les frotteurs que nous indiquons ici, on peut attirer des corps même relativement lourds, pourvu qu'ils soient convenablement suspendus. Placez, par exemple, une petite canne dans le support attaché au ruban de soie (*fig.* 1), et laissez-la osciller horizontalement. Le verre frotté avec la soie, ou bien la cire à cacheter, ou bien encore la gutta-percha, frottés avec la flanelle, attireront la canne de façon à lui faire décrire un cercle entier.

Fig. 4.

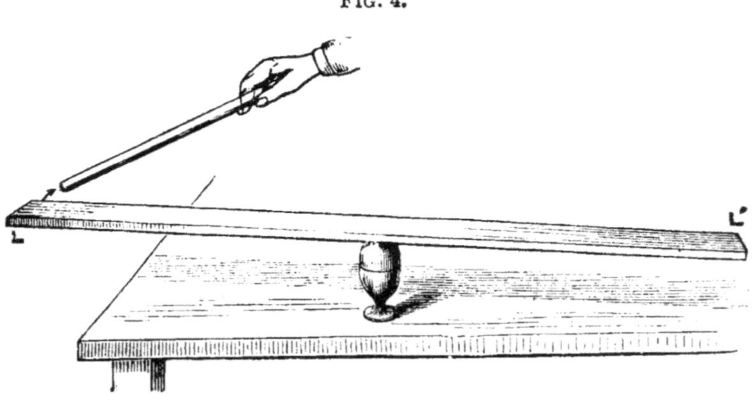

Cependant, laissons de côté ce support ; placez un œuf dans un coquetier (*fig.* 4), et placez sur l'œuf, en équilibre, une règle plate en bois LL′. Cette règle, quoiqu'elle soit en quelque sorte une véritable planche, suivra fidèlement le tube de verre, la gutta-percha ou le caoutchouc frottés.

Rien n'est plus simple que cette disposition de la règle en équilibre sur l'œuf, et certainement aucune expérience n'est plus saisissante. Plus on la répète, plus on se complaît à la reproduire.

Passez dans vos cheveux un peigne en ébonite ou caoutchouc durci (1) ; si le temps est bien sec, vous percevrez nettement un bruit de crépitement ; mais toutefois, quel que soit l'état de l'atmosphère, il agira sur la règle en équilibre de la *fig.* 4. S'il en est ainsi, c'est que, par son frottement contre les cheveux, le peigne a été électrisé et a acquis de ce chef la propriété d'attirer les corps.

Si vous imprégnez vos cheveux d'huile, le peigne n'en sera pas moins électrisé et susceptible d'exercer des attractions : mais si vous les mouillez avec de l'eau, toute propriété électrique disparaîtra. Ainsi un peigne, passé dans la chevelure mouillée, n'exerce aucune action sur la règle en équilibre ; vous en comprendrez plus loin la raison.

Après l'avoir passé dans les cheveux secs ou **gras**,

(1) Le *caoutchouc durci*, connu aussi sous le nom *d'ébonite* ou de *vulcanite*, est d'apparence noire comme l'ébène, et susceptible de recevoir un très-beau poli ; on l'obtient en vulcanisant le caoutchouc, c'est-à-dire en lui incorporant une certaine quantité de soufre ; on chauffe en vase clos et sous pression jusqu'à combinaison des éléments. (R. F.-M.)

placez le peigne en équilibre sur l'œuf à la place de la règle en bois ; celle-ci attire le peigne à son tour. Qu'en conclure, sinon que l'attraction est mutuelle ? Le peigne attire la règle, et réciproquement la règle attire le peigne. De même, suspendez au support représenté *fig.* 1 le tube de verre, le bâton de cire à cacheter ou le tube de gutta-percha préalablement frottés ; vous observerez que ces corps sont précisément attirés par la règle tout comme ils l'attiraient eux-mêmes. C'est là une simple variante de l'expérience faite par Boyle au moyen de l'ambre et que nous avons citée précédemment.

Comment se fait-il qu'un corps non électrisé attire et soit aussi attiré par le verre, la cire à cacheter et la gutta-percha, dans lesquelles les propriétés électriques ont été développées par frottement ? C'est ce que nous verrons bientôt.

Un exemple très-frappant des attractions électriques peut être réalisé au moyen de la tablette et du caoutchouc dont nous avons parlé (§· 4) dans la liste des instruments. Placez cette tablette devant le feu et faites-la chauffer à une certaine température ; chauffez semblablement une feuille de fort papier, grand format, et placez-la sur la tablette. Il n'y a pas d'effet d'attraction entre eux. Mais passez vivement le caoutchouc sur le papier ; celui-ci adhérera alors fortement à la tablette. Arrachez-le vivement et tenez-le à la main : il tendra alors à se plier vers votre corps. Portez-le près d'un mur ou d'une porte, il s'y collera et y restera fixé. Le papier électrisé attire aussi avec force, et à grande distance, la règle mise en équilibre sur l'œuf.

La friction opérée par la main, par un mouchoir de batiste ou par une peau de daim ne suffit pas pour électriser le papier à un haut degré : il est nécessaire de faire usage d'une substance spéciale pour que l'effet produit soit considérable ; cette assertion est le résultat de l'expérience. C'est aussi grâce à l'expérience que nous savons que la flanelle convient mieux pour les corps résineux, et la soie pour les corps vitreux.

Il est bon, dans le cours de ces recherches, de n'accepter pour vrais les faits que nous énonçons ici qu'après les avoir vérifiés par l'expérience, et de ne rien négliger pour compléter vos connaissances sur chaque point. Essayez divers frotteurs, et rendez-vous compte par vous-mêmes qu'il existe entre eux des différences qui avaient déjà été observées par Newton.

Variez aussi la nature du corps frotté. Essayez de la paraffine, des bougies stéariques, de la résine, du soufre, de la poix, de l'ébonite ou caoutchouc durci, de la gomme laque. Essayez aussi du cristal de roche et d'autres substances vitreuses, et attirez au moyen de chacun de ces corps la règle équilibrée. Une pellicule de collodion, une feuille de caoutchouc vulcanisé ou du papier brun desséché, frottés vivement avec la main bien sèche, attirent la règle et sont attirés par elle.

Cherchons quelle peut être la véritable influence de la chaleur dans le cas où l'on frotte du papier. Placez une feuille froide de fort papier sur une table froide. Si l'air n'est pas très-sec, vous aurez beau frotter, même avec du caoutchouc, vous n'arriverez pas à les faire adhérer. Est-ce parce que tout à l'heure le papier et la tablette étaient chauds qu'ils s'attiraient l'un l'autre? Non, car vous pourriez chauffer votre tablette en la plongeant dans l'eau bouillante et votre papier en le passant dans un nuage de vapeur : ainsi chauffés, ils n'adhèrent pas l'un à l'autre. L'action de la chaleur a simplement pour but de faire disparaître l'humidité. Un temps froid et très-sec est particulièrement favorable pour le dégagement de l'électricité. Pendant les temps de gelée, le simple frottement de la main sur la soie, la flanelle ou une peau de chat suffit pour les rendre électriques.

L'expérience des Académiciens de Florence, par laquelle ils démontrèrent l'attraction électrique d'un liquide est fort belle et mérite d'être répétée. Remplissez d'huile un tout petit verre de montre jusqu'à ce que cette huile forme une surface liquide légèrement convexe, dont le niveau s'élève un peu au-dessus du bord du verre. Un tube de verre fortement électrisé, que l'on approche de l'huile, produit non-seulement une éminence dans le liquide, mais encore plusieurs monticules dont chacun produit sur le tube qui les attire une infinité de petites gouttes. L'effet est représenté *fig*. 5, dans laquelle G est le verre de montre placé sur le support T, et R le tube électrisé par frottement (1).

FIG. 5.

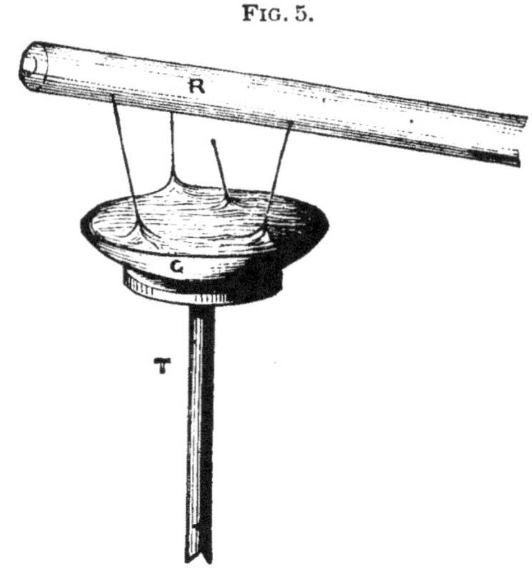

Faites passer le tube électrisé tout près de votre figure, mais sans toutefois la toucher. Vous ressentirez, comme Hauksbee, une sensation analogue à celle du passage, sur votre figure, d'une toile d'araignée. Vous percevrez souvent aussi une odeur particulière, due à une substance développée par l'électricité, et qu'on appelle *ozone*.

Bien auparavant, en frottant vos tubes, vous aurez entendu le *sifflement* et le *craquement* si souvent cités

(1) Dans la pratique, le verre de montre doit reposer sur *un petit support* et non sur une tablette de grande dimension. Cette expérience est excessivement facile à projeter sur un écran, et peut ainsi être clairement vue d'un nombreux auditoire.

par les premiers électriciens; si vous avez frotté vivement vos tubes dans l'obscurité, vous aurez vu ce qu'ils appelaient le *feu électrique*. Si, au lieu d'un tube, on frotte vivement un grand vase de verre, après l'avoir fortement chauffé, les effluves de feu électrique dans l'obscurité sont d'un effet excessivement surprenant.

§ 6. — DÉCOUVERTE DE LA CONDUCTION ET DE L'ISOLEMENT.

Ici, je dois avoir encore recours aux découvertes du célèbre physicien Stephen Gray. En 1729, il expérimenta avec un tube muni d'un bouchon. Lorsque le tube avait été frotté, le bouchon même attirait les corps légers; Gray écrivit « qu'il en était très-étonné » et il en conclut qu'il y avait bien certainement « une vertu attractive communiquée au bouchon ». Tel a été le point de départ de nos connaissances en matière de conduction ou conductibilité électrique.

Gray remarqua aussi qu'une baguette en bois de $0^m,15$ de longueur, fichée dans le bouchon, attirait aussi les corps légers; il prit des baguettes plus longues, qu'il disposa de même, et trouva que toutes avaient la même propriété. Il fit alors usage de corde de chanvre, puis de fil métallique. Il se plaça à la croisée la plus élevée d'une maison, et attacha à un tube de verre R une corde de chanvre très-longue S (*fig*. 6), à laquelle

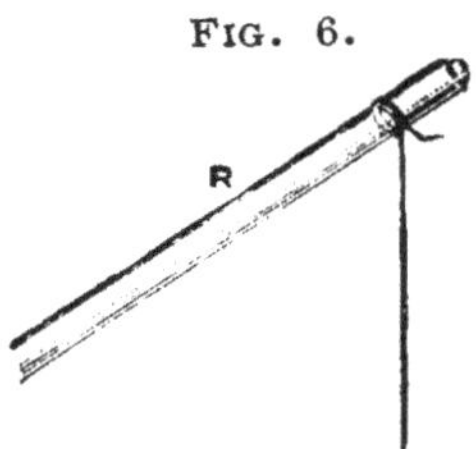

FIG. 6.

était suspendue une boule métallique B. En frottant vivement le tube de verre R, la boule B attira des corps légers P qui se trouvaient au-dessous d'elle à l'extrémité de la corde.

Toutefois, voici l'expérience la plus remarquable de Gray : un long fil de chanvre fut suspendu horizontalement à des anneaux formés d'un fil de lin, mais il ne put arriver à le faire traverser par l'électricité. Ayant remplacé les anneaux ou boucles de lin par des boucles de soie, il réussit à envoyer la propriété d'attirer les corps à travers une corde de 250 pieds. Tout d'abord, il crut que la soie se comportait ainsi parce qu'elle était très-ténue ; mais, en remplaçant une boucle de soie qui avait été cassée par un fil métallique encore plus ténu, il n'obtint aucun effet. Finalement, il en vint à conclure que les boucles dont il faisait usage agissaient non pas parce qu'elles étaient ténues, mais parce qu'elles étaient en *soie*. Tel est le point de départ de nos connaissances en *isolement*.

Il est intéressant de mentionner ici le dévouement apporté par certains savants à l'exécution de leurs travaux. Le Dr Wells, qui écrivit un essai remarquable pour expliquer l'origine de la rosée, le terminait seulement lorsqu'il était déjà sur le bord de la tombe. Stephen Gray étàit près de s'éteindre lorsqu'il fit ses dernières expériences ; il n'eut pas le temps d'en écrire le compte rendu, et déjà sur son lit de mort, la veille même de son décès, il les décrivit au Dr Mortimer, alors secrétaire de la Société Royale, qui les publia ensuite dans les *Transactions philosophiques*.

Quelques mots de définition ne seront pas inutiles ici. Stephen Gray a démontré que certaines substances possèdent, à un haut degré, la propriété de se laisser traverser par l'électricité, tandis que d'autres corps s'opposent à son passage. Les premiers de ces corps sont appelés *corps conducteurs ;* les seconds, *corps isolants*.

Vous ne sauriez mieux faire que de répéter ici l'expérience de Gray. Introduisez un bouchon dans l'extrémité ouverte de votre tube de verre, et frottez ce tube sur toute sa longueur jusqu'au niveau du bouchon ; celui-ci attirera la règle équilibrée, représentée *fig.* 4, et dont vous avez déjà fait usage en maintes occasions.

Toutefois, le verre excité par frottement est, dans ce cas, si rapproché du bouchon que l'on n'est pas absolument certain que l'attraction observée ait lieu par le fait du bouchon même. On peut démontrer de la façon suivante que c'est bien le bouchon qui possède la propriété d'attirer les corps légers qui s'attachent à lui : enfoncez un porte-plume ordinaire dans le bouchon, et frottez le tube comme précédemment ; l'extrémité libre du porte-plume agira sur la règle équilibree. Semblablement, remplacez le porte-plume par une baguette de bois de 1 mètre de longueur ; son extrémité agira sur la règle équilibrée, lorsqu'on frottera le tube. On démontre ainsi que la propriété électrique se propage sur toute la longueur de la baguette de bois.

§ 7. — L'ÉLECTROSCOPE. — RECHERCHES SUR LA CONDUCTION ET L'ISOLEMENT.

Il est maintenant nécessaire de faire usage de quelques appareils complémentaires. Achetez un cahier de clinquant (1) pour 50 centimes, et, pour la même somme, un ballon de verre semblable à celui que représente la *fig.* 7. Bouchez le col du ballon avec un bouchon C, traversé par un fil métallique WW', dont la partie plongée dans le ballon sera recourbée à angle droit sur une longueur d'environ 2 centimètres.

Fixez à l'aide d'un peu de cire molle ordinaire, à la partie recourbée du fil WW', deux feuilles ou languettes de clinquant d'une longueur de 7 à 8 centimètres sur une

---

(1) Le *clinquant* est un alliage de cuivre et de zinc (cuivre 35 parties, zinc 15 parties) que l'on réduit par le battage en feuilles tellement minces qu'elles sont transparentes. (*N. du T.*)

largeur de 15 millimètres. Ces feuilles, par leur poids, tomberont en contact l'une avec l'autre. Fixez, avec de

FIG. 7.

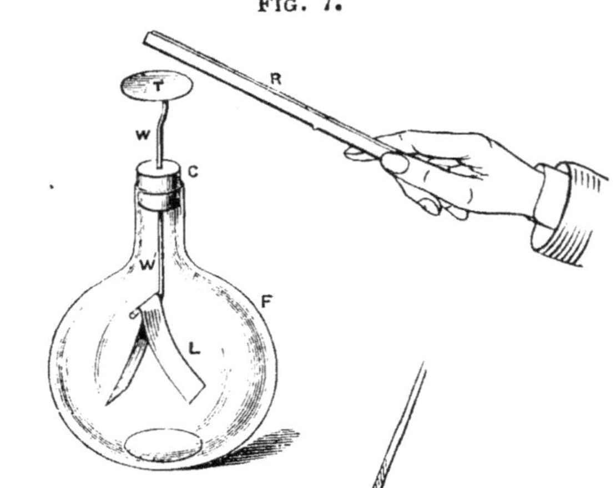

la cire ou tout autre moyen, à l'extrémité extérieure du fil **WW'** un petit disque **T** découpé dans une feuille métallique, une feuille de zinc par exemple, ce petit disque ayant un diamètre de 5 centimètres environ. Dans tous les cas, vous devez employer la cire molle de façon à ne pas interrompre le contact entre les différentes pièces métalliques de votre instrument, instrument auquel on a donné le nom d'*électroscope*. Ordinairement, on emploie dans les électroscopes des feuilles d'or battu au lieu de feuilles de clinquant ; je recommande ce dernier, parce que son prix est moins élevé, et qu'il résiste mieux à l'usage, étant moins fragile (*fig*. 7).

Ayez bien soin que votre ballon soit absolument sec et dépouillé de poussière. En approchant votre bâton de cire à cacheter frotté R ou votre tube de verre *dans le voisinage* du plateau métallique T, les feuilles de clinquant L divergeront ; en éloignant le corps électrisé, les feuilles retomberont dans leur position primitive. Nous allons rechercher immédiatement quelles sont les causes de cet effet. Approchez et éloignez à plusieurs reprises du plateau T votre corps électrisé, cire à cacheter ou verre. Maintenant, touchez ce plateau T avec le corps électrisé ; les feuilles s'écarteront, et, lorsque vous aurez enlevé le corps électrisé, la divergence subsistera. Dans la première expérience vous n'avez pas communiqué d'électricité à l'électroscope, tandis que c'est ce que vous avez fait dans la seconde. Pour le moment, je vous prierai seulement de considérer la divergence des feuilles L comme une preuve qu'une certaine quantité d'électricité a été communiquée à l'instrument.

Nous pouvons maintenant reproduire les expériences de Gray sous une autre forme. Mettez en contact avec le plateau T de l'électroscope l'extrémité d'un long fil métallique dont l'autre bout sera enroulé sur votre tube de verre. Frottez celui-ci vivement, en étendant la friction jusque tout près du fil métallique enroulé. Une simple friction de votre frotteur, si elle est vigoureusement produite, suffira pour faire diverger les feuilles L de l'électroscope. L'électricité a traversé toute la longueur du fil métallique pour gagner l'instrument.

Substituez au fil métallique une ficelle ordinaire ; frottez vivement votre tube, et les feuilles divergeront encore ; toutefois, on observe une notable différence dans le temps que la divergence met à se produire. Vous reconnaîtrez facilement que l'électricité passe beaucoup plus facilement à travers le fil métallique qu'à travers la ficelle. Substituez maintenant à cette dernière une corde de soie : quelque vigueur que vous mettiez à frotter le tube de verre, vous n'arriverez jamais à produire une divergence ; l'électricité ne peut pas du tout traverser la soie.

Il est opportun de faire connaître ici, d'une manière définitive, l'influence de l'humidité dans les expériences d'électricité. Trempez dans l'eau votre corde de soie, mais tordez-la de façon que la partie enroulée sur le tube de verre ne puisse pas répandre de gouttelettes ; frottez alors le tube comme précédemment : les feuilles de clinquant divergeront ; c'est l'eau qui joue dans ce cas le rôle de conducteur. L'influence de l'humidité a été démontrée pour la première fois par du Fay, physicien français (1733 à 1737), qui réussit à faire traverser par l'électricité une corde mouillée de 400 mètres de longueur.

Nous devons faire connaître, à propos de l'expérience de Gray, pourquoi ce physicien, en employant, pour soutenir son fil, des suspensions en fil métallique ou en chanvre, ne put parvenir à le faire traverser par l'électricité :

c'est que celle-ci s'échappait à la terre par chacun de ces supports.

Mon préparateur, M. Cottrell, qui, à l'occasion de ces leçons, a pris grand soin de vous et de moi, a imaginé un électroscope dont nous ferons souvent usage durant le cours de nos études : M (*fig.* 8) est un petit disque de

FIG. 8

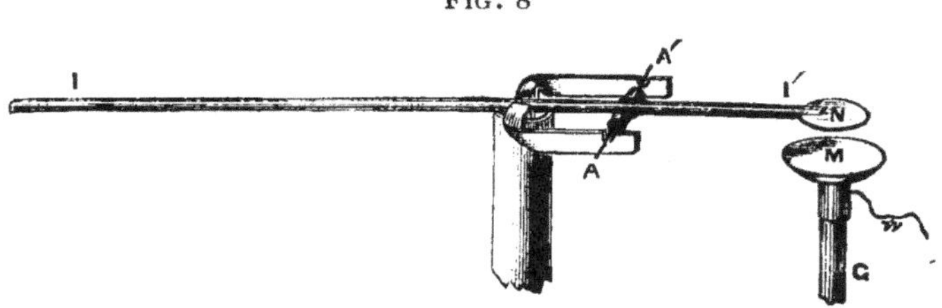

métal ou de bois recouvert d'une feuille d'étain, supporté par un pied G de verre ou de cire à cacheter. N est un autre disque en papier doré, distant de M d'environ 25 millimètres, et fixé à l'aide de cire à cacheter à une longue tige très-légère en bois II′ (représentée tronquée dans la figure) ; AA′ est un pivot horizontal constitué par une aiguille à coudre, et oscillant sur un petit support composé d'une feuille de métal deux fois recourbée, comme le montre la *fig.* 8. On équilibre le levier ainsi formé en le lestant en I′ jusqu'à ce que le plateau N s'éloigne seulement très-lentement de M. Le fil métallique n, qui peut avoir 50 mètres de longueur, s'étend de M à votre tube de verre, autour duquel on lui fait décrire quelques tours seulement. Une simple friction vigoureuse du tube par le frotteur envoie de l'électricité en **M** à travers le fil n ; le plateau **N** est attiré vers le bas, et l'extrémité du levier décrit un arc considérable. Plus loin, vous trouverez une figure montrant le levier dans toute sa longueur, et indiquant le mode d'emploi de cet appareil.

Un petit nombre d'expériences avec l'un ou l'autre de ces instruments vous permettra d'établir une classification entre les corps conducteurs, mi-conducteurs et isolants. Voici une liste de quelques-uns de ces corps, qui, il est vrai, ne diffèrent que très-peu entre eux dans chaque classe.

Corps conducteurs.

Métaux ordinaires.
Charbon calciné à haute température.
Acides concentrés.
Solutions de sels.
Eau de pluie.
Toiles et tissus.
Végétaux et animaux vivants.

Corps mi-conducteurs.

Alcool et éther.
Bois sec.
Marbre.
Papier.
Paille.

Corps isolants.

Huiles grasses.	Soie.
Craie.	Verre.
Caoutchouc.	Poix.
Papier sec.	Soufre.
Cheveux.	Gomme laque.

Avec un peu de réflexion, vous pourrez varier vos expériences à l'infini. Faites toucher par votre cire à cacheter ou votre tube de verre le plateau de l'électroscope, et faites-en ainsi diverger les feuilles. Touchez maintenant ce plateau avec l'un des corps conducteurs compris dans la liste précédente : l'électroscope est immédiatement déchargé. Touchez-le avec un corps mi-conducteur : la divergence cesse comme précédemment, mais moins rapidement. Finalement, touchez ce même plateau avec un corps isolant : l'électricité ne s'échappera pas et les feuilles ne se refermeront pas.

§ 8. — CORPS ÉLECTRIQUES ET CORPS NON ÉLECTRIQUES.

Pendant fort longtemps, les corps ont été classés en corps *électriques* et corps *non électriques,* les premiers susceptibles d'être électrisés, les autres ne pouvant l'être. Ainsi l'ambre des anciens, les pierres précieuses, les fossiles, les minéraux et les verres expérimentés par Gilbert étaient appelés corps *électriques*, tandis que tous les métaux étaient appelés corps *non électriques*. Il est opportun de déterminer la vraie signification de cette distinction.

Prenez en main successivement un morceau de cuivre jaune ou de bois recouvert d'une feuille d'étain, une balle de plomb, des pommes, des poires, des navets, des carottes, des concombres (une plaque de bois pas trop sèche conviendra aussi parfaitement) ; frottez-les vivement avec de la flanelle ou une peau de chat : aucun de ces corps n'agira sur la règle équilibrée de la *fig.* 4, ou ne révélera la moindre propriété électrique. C'est pour cela que ces corps ont été appelés *non électriques*.

Mais suspendez-les à un cordon de soie que vous tiendrez à la main et frottez-les successivement : chacun de ces corps agira maintenant sur la règle.

Examinons un instant ce que signifie cette expérience : nous avons intercalé un corps isolant, le cordon de soie, entre la main et le corps frotté, et nous voyons que, grâce à ce cordon de soie, le corps non électrique est devenu électrique.

L'explication en est bien simple : dans l'un et l'autre cas, le fait de frotter le corps a développé de l'électricité ; lorsqu'on le tenait à la main, cette électricité a passé, par la main et le corps humain, directement à la terre. Mais, dans le second cas, ce transport ne pouvant s'effectuer par la soie, l'électricité, une fois développée, est retenue

faute de voie pour s'échapper, et peut alors influencer la
règle équilibrée.

Semblablement, un tube de cuivre, tenu à la main et
frotté avec une peau de chat, ne possède aucune propriété
d'attraction ; mais si ce tube est fixé sur un manche en
cire à cacheter, en ébonite, ou en gutta-percha, le frottement de la partie métallique lui donne la propriété d'attirer les corps légers.

Maintenant, vous pouvez comprendre plus facilement
l'expérience de la feuille de papier chauffée et du caoutchouc. Le papier et le bois absorbent toujours une certaine partie de l'humidité de l'air. Lorsque le frotteur a
passé sur le papier froid, ce papier a été électrisé ; mais,
rendu conducteur par l'humidité dont il était imprégné,
il a laissé échapper sa charge électrique.

Donnons une preuve directe de ce fait. Placez votre
feuille de papier sur une tablette froide, laquelle reposera
sur des verres bien secs ; passez votre caoutchouc sur le
papier ; soulevez ce dernier au moyen d'un fil de soie,
que vous y aurez préalablement fixé (car si vous le tou-
chiez avec la main il se déchargerait), vous trouverez que
ce papier est électrisé et qu'avec lui vous pouvez, soit
faire diverger votre électroscope, soit attirer votre règle
équilibrée.

Nous avons rangé le *corps humain* dans la catégorie
des substances *non électriques ;* démontrons cette assertion par l'expérience. Placez-vous debout sur le plancher,

et faites-vous frictionner par un ami à l'aide de votre peau de chat. Présentez alors un de vos doigts à la règle équilibrée dont nous avons déjà fait usage : vous ne remarquerez aucun phénomène d'attraction ; en effet, vous reposez sur le sol, et l'électricité qui a été développée par le frottement n'a rencontré aucun obstacle pour se disperser.

Maintenant, placez sur le sol quatre grands verres chauffés, et sur ces verres une tablette (1). Montez sur cette tablette, et présentez un doigt à la règle équilibrée. Un simple coup de la peau de chat, s'il est donné vivement, suffira pour produire un effet d'attraction ; si vous êtes sur un gâteau de résine, ou sur une plaque de bon caoutchouc, l'effet sera identiquement le même. Votre doigt agira aussi sur l'électroscope, en lui communiquant une charge si vous le touchez.

Placez sur vos épaules un vêtement en caoutchouc ; en le faisant frotter avec la peau de chat, l'effet d'attraction de l'expérience précédente sera considérablement augmenté.

Après une forte friction, approchez votre pouce de celui de la personne qui vous a frotté, et vous verrez jaillir une étincelle entre vous deux.

---

(1) Il faut, pour effectuer cette expérience, avoir soin de ne pas prendre de verres communs et à bas prix, ceux-ci, par leur composition chimique, étant parfois assez conducteurs pour en compromettre le succès. Nous reviendrons sur ce point, § 19.

Cette expérience avec le vêtement en caoutchouc vous démontre ce que vous avez déjà observé, à savoir que l'électricité n'est pas seulement produite par le frottement, mais aussi que la nature des substances frottées joue un rôle considérable.

Nous venons de démontrer ainsi que les corps non électriques peuvent être électrisés comme les corps électriques, mais qu'il est nécessaire que les corps non électriques soient séparés du sol par un corps isolant. On voit donc clairement que l'ancienne division des corps en électriques et non électriques n'était qu'une simple classification entre les substances isolantes et les substances conductrices.

§ 9. — RÉPULSIONS ÉLECTRIQUES. — DÉCOUVERTE DES DEUX ÉLECTRICITÉS.

Nous nous sommes presque exclusivement occupés jusqu'ici des attractions électriques, mais nous avons vu, à propos d'une expérience dont nous avons déjà parlé (§ 3), qu'Otto de Guericke observa la *répulsion* d'une plume par son globe de soufre. Nous avons remarqué un phénomène semblable à propos des feuilles de clinquant de l'électroscope (§ 7), feuilles dont la répulsion l'une par l'autre nous signale la présence de l'électricité.

Du Fay, qui a le premier découvert ce phénomène, remarqua qu'une feuille d'or, flottant en suspension dans l'air, était d'abord attirée, puis repoussée par un même corps électrisé. Il observa ensuite que, si la feuille d'or était repoussée par le verre frotté, elle était attirée par de la résine semblablement frottée, et que lorsqu'elle était repoussée par la résine elle était attirée par le verre frotté : de là résulta l'importante déclaration de du Fay qui concluait à l'existence de deux natures d'électricité.

L'électricité développée sur le verre fut, pendant un temps, appelée électricité *vitrée*, et celle développée sur la résine fut appelée *résineuse*. Ces termes sont impropres ; car, en changeant la nature du frotteur, on peut obtenir, avec du verre, la même électricité qu'avec de la cire à cacheter et *vice versâ*. Usez, par exemple, votre tube de verre avec du grès, de façon à en dépolir la surface ; en le frottant avec de la flanelle, vous trouverez sur cette surface vitreuse la même électricité que sur de la résine ou de la cire à cacheter. Vous pouvez encore frotter de la cire à cacheter avec du caoutchouc vulcanisé, et vous trouverez sur cette cire à cacheter non pas de l'électricité résineuse, mais bien la même électricité que sur le verre. Vous allez être à même de démontrer ces faits incessamment.

Maintenant nous employons le mot *positive* pour l'électricité développée sur le verre par le frottement de la soie, et nous dénommons électricité *négative* celle qui est produite par le frottement de la flanelle contre la cire à cacheter. Ces termes ont été adoptés simplement dans un but de commodité, car il n'y a pas de raison d'appeler *positive* l'électricité résineuse et *négative* l'électricité vitrée. C'est donc une simple convention, à laquelle nous adhérerons dans le cours de ces leçons.

§ 10. — Loi fondamentale des actions électriques.

Dans toutes les expériences que nous avons faites jusqu'ici, une des substances dont nous avons fait usage a été électrisée par frottement, tandis que l'autre ne l'a pas été. Mais, une fois engagés dans les études de ce genre, des questions nouvelles se présentent; en recherchant la solution de ces questions, nous étendrons le domaine de nos connaissances et nous ferons naître d'autres sujets de recherches. Supposez qu'au lieu d'exciter un seul des corps mis en présence l'un de l'autre on les excite tous les deux; qu'arrivera-t-il? C'est cette question que s'est posée du Fay, qu'il a résolue, et dont nous allons nous occuper maintenant.

Ici encore, nous allons faire usage du support représenté *fig.* 1. Accrochez-y un tube de gutta-percha ou un bâton de cire à cacheter *non frottés* (il est important de s'assurer que la gutta-percha ou la cire à cacheter n'ont pas été frottées, ou ne conservent pas trace d'électricité développée dans les expériences précédentes : ce que l'on vérifie soit au moyen de l'électroscope, soit en essayant d'attirer des corps légers); si vous trouvez que le corps est électrisé, passez la main sur toute sa surface, ou mieux faites-lui traverser vivement la flamme d'une lampe à alcool, opération qui fera disparaître toute trace d'électricité). Constatez d'abord que le tube de gutta-percha non frotté est attiré par un tube de même substance frotté.

Enlevez du support le tube non frotté, et excitez-le avec de la flanelle. L'extrémité du tube que vous avez dans la main n'est pas électrisée ; aussi, en replaçant le tube non frotté dans le support, ne perdez pas de vue le bout qui a été électrisé par frottement. Approchez de cette dernière extrémité un autre tube électrisé de même manière ; une forte répulsion se produira, et vous pourrez faire tourner le tube suspendu dans tous les sens par l'effet de cette répulsion.

Approchez un *tube de verre* frotté de l'extrémité électrisée du tube de gutta-percha ; il en résultera une forte attraction de ce dernier.

Répétez cette expérience, pas à pas en quelque sorte, avec deux tubes de verre ; vérifiez que le tube de verre frotté attire celui qui ne l'est pas. Enlevez le tube non frotté, excitez-le en le frottant, replacez-le sur le support et reproduisez le phénomène de répulsion *verre par verre*. Approchez de la gutta-percha ou de la cire à cacheter frottées près du verre électrisé ; il en résultera une forte attraction dans ce dernier cas.

Ces expériences vous conduisent directement à l'énoncé de la loi fondamentale des actions électriques : *Les corps chargés de la même électricité se repoussent, tandis que les corps chargés d'électricités contraires s'attirent réciproquement. Le positif repousse le positif et attire le négatif ; le négatif repousse le négatif et attire le positif.*

Imaginez des expériences pour donner plus ample démonstration de cette loi, et reproduisez, par exemple, l'expérience d'Otto de Guericke. Attachez une plume à un fil de soie et approchez-en votre tube de verre frotté. La plume est attirée, touche le tube, se charge de l'électricité du tube, et finalement est repoussée ; reproduisez cette répulsion dans tous les sens. L'expérience de du Fay avec la feuille d'or sera répétée et expliquée plus loin (§ 18).

Au lieu d'un fil de soie, employez un fil de lin pour suspendre la plume ; si aucune substance isolante n'est interposée entre cette plume et le sol, il n'y aura pas de répulsion ; la raison en est bien simple. En effet, la charge d'électricité positive communiquée par le tube n'est pas conservée par la plume, mais s'échappe en terre; il n'y a donc pas de charge positive agissant contre une charge positive. Nous allons voir prochainement pourquoi le corps à l'état neutre est attiré par le corps électrisé.

Attirez votre aiguille de paille au moyen du tube de verre et laissez-les arriver en contact l'un avec l'autre. La paille prend l'électricité du tube, et l'attraction est im médiatement suivie de répulsion, ainsi que le montre la *fig.* 9, dans laquelle II′ est la paille reposant sur une

FIG. 9.

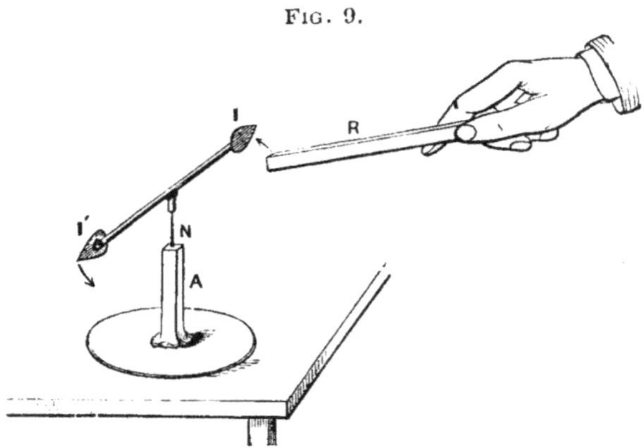

aiguille N. qui est elle-même fichée dans un pied isolant en cire à cacheter A.

On peut aussi, pour faire voir les effets de la répulsion, faire usage de l'électroscope très-simple représenté par la *fig.* 10. A est un bâton de cire à cacheter avec un petit disque d'étain T à son sommet ; W est un fil recourbé, partant de T, et portant à son autre extrémité un petit disque métallique fixé avec de la cire molle ; II′ est un fétu de paille porté par une aiguille N.

L'aiguille N est fixée dans un support A′, également de cire à cacheter, mais légèrement incliné, afin que le petit fragment de papier I′, fixé à la paille, reste dans le voisinage de W lorsque l'appareil n'est pas électrisé : un fil métallique *w* relie la partie métallique W à l'aiguille N qui supporte la paille II'. Lorsqu'on communique, au moyen du tube de verre frotté R, de l'électricité au disque T, elle passe par les fils W et w à la fois dans le

FIG. 10.

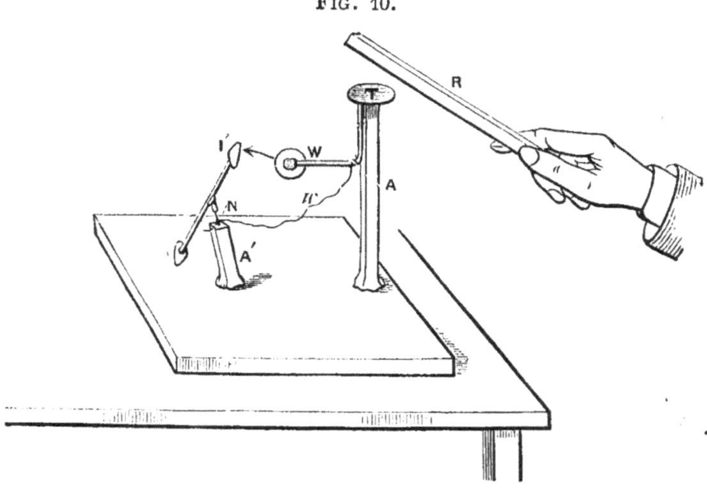

disque et le fétu de paille ; immédiatement ce dernier est repoussé.

Aucune expérience ne peut mieux que la suivante montrer les effets répulsifs de l'électricité. Chauffez votre tablette (§ 5) et chauffez aussi comme précédemment votre feuille de papier. Posez à plat sur la tablette la feuille de papier que vous électriserez en la frottant avec du caoutchouc. A l'aide d'un canif, découpez dans la feuille de papier deux longues bandes ; réunissez-les en les tenant à une extrémité, séparez-les vivement de la tablette et lâchez-les en l'air ; vous remarquerez qu'elles ne retomberont pas l'une à côté de l'autre, mais qu'elles effectueront leur chute en s'écartant fortement l'une de l'autre et en divérgeant en l'air.

Semblablement, découpez, avec un canif, la bande de papier placée sur la tablette et frottez avec du caoutchouc, en un certain nombre de bandes ; réunissez toutes ces bandes par une même extrémité, et en les tenant à la main séparez-les de la tablette ; ces différentes bandes de

FIG. 11.

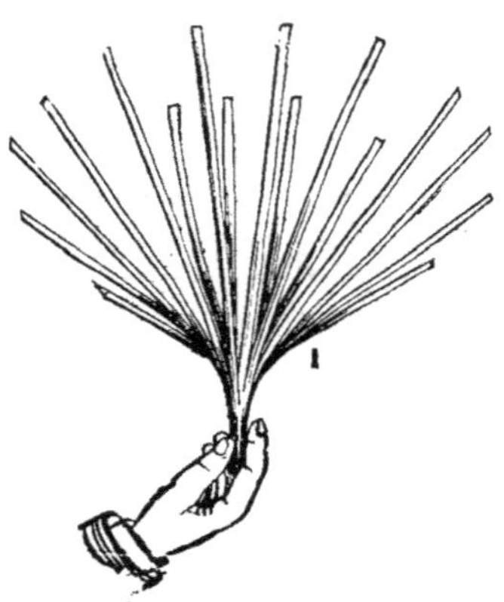

papier formant une sorte de houppe, se repousseront, puisqu'elles sont chargées de la même électricité, et présenteront à peu près l'aspect de la tête de Méduse. La *fig.* 11 montre l'effet ainsi produit (1).

(1) Dans un des premiers cours qu'il fit à l'Institution Royale de la Grande-Bretagne, M. Tyndall, après avoir frotté une feuille de papier, se préparait à l'enlever de la tablette chauffée et à la

Voici une autre expérience d'un effet très-saisissant. Un entonnoir S, à ouverture très-petite (2 millimètres environ), est rempli de sable d'argent très-fin (*fig.* 12).

FIG. 12   FIG. 13.

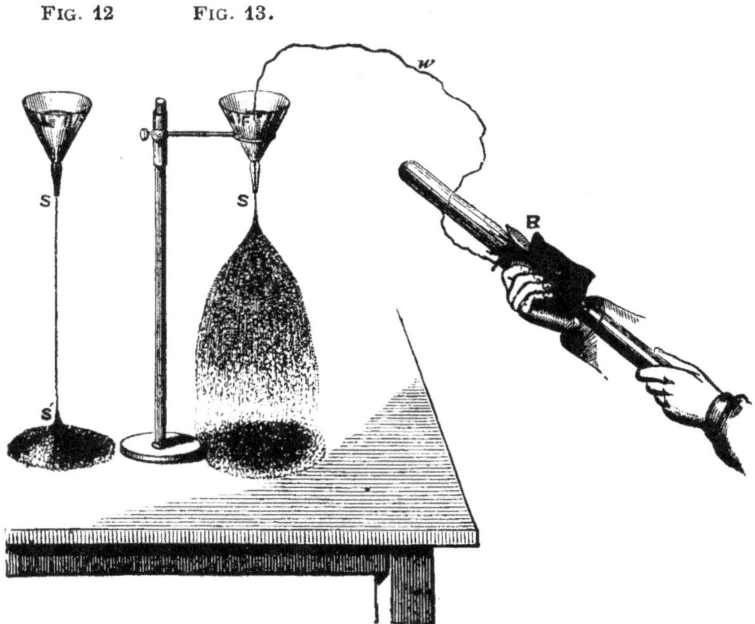

Ce sable est mis en communication, par le fil métallique W, avec le tube de verre chauffé R. Lorsque ce tube n'est

placer contre le mur lorsque l'idée lui vint de découper cette feuille en bandes et de les laisser ainsi les unes sur les autres. Le résultat obtenu fut celui qui est décrit ci-dessus. Quoique bien simple, cette expérience fit grand plaisir au physicien Faraday qui se trouvait présent. Faraday préférait de beaucoup les expériences les plus simples, lorsqu'elles répondent convenablement au but que l'on cherche à atteindre.

pas électrisé, le sable tombe verticalement, comme le montre la *fig*. 12; mais chaque fois qu'on frotte le tube, le sable tombe en gerbe épanouie, comme le montre la *fig*. 13, les molécules de sable exerçant une répulsion réciproque les unes sur les autres (1).

Ou bien encore laissez tomber trois ou quatre filets d'eau sortant de trous de la grosseur d'une épingle, trous pratiqués au fond d'un vase quelconque et assez rapprochés les uns des autres. Reliez par un fil l'eau du vase avec votre tube de verre, que vous frottez comme précédemment. Les veines liquides se dispersent en rosée à chaque frottement du tube.

Ces expériences réussissent mieux si l'on fait usage du frotteur décrit plus loin (§ 24) et dont l'invention est due à M. Cottrell.

Il faut maintenant vous apprendre à déterminer avec certitude quelle est la nature, positive ou négative, de l'électricité dont est chargé un corps quelconque. Vous voyez, de prime abord, que l'attraction n'indique rien puisqu'un corps non électrisé est attiré lui aussi ; plus loin, vous verrez une autre source d'erreur facile à commettre quand on se base sur l'attraction (§ 14).

(1) Pour cette expérience, comme pour l'emploi de l'électroscope, M. Tyndall recommande, lorsqu'on a devant soi un nombreux auditoire, de faire usage soit de la lumière électrique, soit de la lumière oxyhydrique pour projeter, sur un écran blanc, les phénomènes, qui sont alors facilement vus de toute l'assistance.

Pour détermiuer la qualité de l'électricité d'un corps, vous devez rechercher par quel genre d'électricité est repoussé ce corps électrisé lui-même : si, par exemple, un corps quelconque électrisé repousse ou est repoussé par de la cire à cacheter frottée avec de la flanelle, ce oorps est chargé d'électricité négative ; s'il reoousse ou s'il est repoussé par du verre frotté avec de la soie, l'électricité dont il est chargé est positive. C'est à du Fay qu'est due l'idée de cette méthode d'investigation.

Appliquez cette méthode d'essai aux bandes de papier excitées par la friction du caoutchouc. Approchez de ces bandes électrisées un tube de gutta-percha frotté, et vous obtiendrez une forte attraction. Au lieu du tube en gutta-percha intercalez entre deux bandes de papier, déjà divergentes, un tube de verre frotté ; vous observerez une forte répulsion, et la divergence des feuilles sera augmentée. On conclut que l'électricité des feuilles de papier, étant repoussée par l'électricité positive, est elle-même positive.

§ 11. — ÉLECTRICITÉ DU FROTTEUR. POLARITÉ ÉLECTRIQUE.

Nous avons examiné l'action de chaque genre d'électricité sur lui-même, aiusi que sur l'électricité contraire ; mais jusqu'à présent nous avons complétement négligé le frotteur. Or une question se présente naturellement à l'esprit : quel effet produit la friction sur le frotteur ? Dans ce cas, comme toujours, vous devez examiner le sujet à votre propre point de vue, et baser vos conclusions sur les faits que vous établissez par l'expérience.

Essayez votre frotteur à l'aide de la règle équilibrée. Cette règle est attirée par la flanelle qui a été frottée contre la gutta-percha ; elle est aussi attirée par la soie qui a servi à frotter le verre.

En ce qui concerne la qualité de l'électricité du frotteur en flanelle ou en soie, l'attraction de la règle équilibrée ne signifie rien. Mais suspendez (en le plaçant sur le support de la *fig.* 1) votre tube de verre frotté et approchez-en le frotteur en flanelle : vous observerez une répulsion, tandis que, au contraire, le frotteur de soie attirera le tube de verre. Suspendez votre tube de gutta-percha frotté, et approchez le frotteur en soie : il y aura répulsion, tandis qu'au contraire la flanelle attirera le tube de gutta-percha.

La conclusion de ces expériences est toute naturelle : l'électricité de la flanelle est positive, celle de la soie est négative.

Mais c'est la flanelle qui a servi à frotter la gutta-percha dont l'électricité est négative, et la soie a servi à frotter le verre dont l'électricité est positive. Conséquemment, nous avons démontré non–seulement que le frotteur s'électrise lui aussi par le frottement, mais encore que l'électricité du frotteur est d'un signe opposé à celle du corps frotté.

Dans toutes les expériences que vous ferez plus tard, vous reconnaîtrez que les deux électricités concourent toujours ensemble ; que vous ne pouvez pas développer l'une d'elles sans faire naître en même temps l'autre, et que l'électricité du frotteur, quoique de signe contraire, est pour tous les cas égale *en quantité* à l'électricité du corps frotté.

Nous allons, du reste, démontrer ces principes par une nouvelle expérience. Nous avons vu (§ 5) qu'un peigne en ébonite est électrisé par le fait de son passage dans des cheveux secs ; en recherchant la nature de l'électricité du peigne, on trouve qu'elle est négative. Or les cheveux constituent ici le frotteur, et, d'après le principe que nous venons d'exposer, une quantité égale d'éléctricité positive a été développée dans les cheveux. Si vous êtes sur le sol, non isolé, celle-ci s'échappe de vos cheveux dans la terre à travers votre corps.

Mais placez-vous sur un tabouret isolant (1) (sur votre tablette portée par quatre grands verres chauffés par exemple), pendant que moi, qui suis sur le sol, je passe vivement le peigne dans vos cheveux. Je passe dix, vingt, trente fois et je vous demande d'attirer la règle équilibrée.

(1) Dans le tabouret à pieds de verre, ces pieds sont revêtus d'une couche de gomme-laque dissoute dans de l'alcool, afin d'éviter l'absorption par le verre de l'humidité atmosphérique ; à propos de l'absorption de l'humidité ambiante par le verre, reportez-vous à ce qui a été dit plus haut (§ 5).

Vous présentez votre doigt à cette règle mais vous n'observez aucune attraction.

Dans ce cas, le peigne et vos cheveux atteignent rapidement leur maximum d'électrisation, au delà duquel il n'y a plus de développement d'électricité. Maintenant votre peigne, nous l'avons vu § 5, peut attirer la règle, et votre corps ne le peut pas ; cela provient de ce que la petite quantité d'électricité existant, sous une forme concentrée, sur le peigne, est trop faible, lorsqu'elle est diffusée dans tout le corps humain, pour produire une attraction.

N'est-il donc pas possible d'augmenter l'électricité de votre corps ? Essayons-le, en mettant à contribution les principes que nous avons exposés ici. D'abord, je fais passer le peigne non électrisé dans vos cheveux ; il en sort électrisé. Après avoir déchargé le peigne en le touchant entièrement avec la main, je le passe de nouveau dans vos cheveux. Comme précédemment, il est encore électrisé lorsqu'il quitte vos cheveux, et je le décharge de nouveau. J'opère dix ou vingt fois, en ayant soin de décharger le peigne après chaque passage dans vos cheveux. Présentez maintenant votre doigt à la règle équilibrée : vous remarquerez une puissante attraction.

Ici, comme nous l'avons dit, le peigne a enlevé dans chaque cas une certaine quantité d'électricité avec lui ; mais, en conformité des principes précédents, il a laissé derrière lui une quantité égale d'électricité contraire. Et tandis que la quantité d'électricité correspondant à une charge simple du peigne, lorsqu'elle était diffusée dans tout le corps, était insuffisante pour être sensible, cette quantité, multipliée dix ou vingt fois, est devenue non pas seulement sensible, mais très-forte. En fait, en déchargeant le peigne et en le passant après l'avoir déchargé à travers les cheveux, le corps humain isolé peut être fortement électrisé.

Au commencement de ce paragraphe, j'ai dit que la flanelle frottée repousse le tube de verre frotté, de même que la soie frottée repousse la gutta-percha frottée. Mais, tandis qu'il est en général très-facile d'obtenir la répulsion à l'aide de la flanelle, il n'en est pas de même avec la soie. A maintes reprises, j'ai en vain tenté de faire cette expérience ; je désire cependant que vous possédiez une méthode sûre pour démontrer cette répulsion.

Placez-vous sur votre tabouret isolant, et frottez votre tube de verre vivement avec votre soie recouverte d'amalgame ; donnez-moi le tube. Je passe ma main sur toute sa surface afin d'en enlever toute l'électricité qui peut s'y trouver ; je vous le restitue, et vous l'excitez de nouveau, puis vous me le tendez, et je le décharge de nouveau. Chaque fois, vous excitez un tube de verre non électrisé, et chaque fois ce tube laisse sur le frotteur de l'électricité négative, en quantité égale à l'électricité que vous enlevez. Ainsi, accumulant charge sur charge, le frotteur devient fortement électrisé ; et, quand même les propriétés isolantes de la soie seraient diminuées par la présence de l'amalgame, elle peut néanmoins céder une portion de son électricité à votre main et à votre corps sans cesser pour cela de repousser fortement la gutta-percha frottée. Nous reviendrons sur ce principe, qui est du reste le même qui était en jeu dans le cas du peigne frotté dans la chevelure.

§ 12. — QU'EST-CE QUE L'ÉLECTRICITÉ ?

Jusqu'à présent nous avons procédé pas à pas pour acquérir des connaissances fort importantes ; mais les faits ne doivent pas nous suffire. Il nous faut connaître les *principes* qui gouvernent les faits que l'esprit seul peut concevoir et discerner. Ainsi nous avons parlé jusqu'à présent d'électricité qui passe çà et là, d'électricité qui ne peut se propager ; or, comment ne pas se demander ce que peut être ce qui se comporte ainsi, ce qu'est l'*électricité*, en un mot ? Boyle et Newton révélèrent le besoin qu'ils ressentaient de pouvoir répondre à cette question, lorsque l'un imagina ses fibres onctueuses partant du corps électrisé et y retournant, et lorsque l'autre imagina l'existence d'un fluide électrique qui pénétrait son verre frotté.

Lorsque j'emploie le mot *imaginer*, je ne veux pas dire par là que les conceptions de ces deux grands hommes étaient du domaine de la vaine fantaisie. Sans imagination, l'homme ne peut rien faire en matière de science. Par le mot *imagination*, j'entends la possibilité de se représenter, mentalement, les choses qui ne tombent pas directement sous les organes des sens, bien qu'elles aient une existence aussi réelle que tous les objets qui nous entourent. J'entends l'imagination scientifique purifiée en quelque sorte, sans l'usage de laquelle nous ne pouvons pas faire un seul pas dans la région des causes et des principes de la science.

C'est grâce à l'imagination scientifique que Franklin eut l'idée de la théorie d'un fluide électrique unique pour expliquer les phénomènes de l'électricité. Il supposa que ce fluide se repoussait lui-même, était auto-répulseur, et se répandait en quantités définies dans tous les corps. Il supposa que, lorsqu'un corps a plus que son *quantum propre* d'électricité, ce corps est électrisé positivement, et que, quand il en a moins, il est électrisé négativement. C'est aussi grâce à la même faculté d'imagination que Symmer conçut la théorie de deux fluides électriques, chacun d'eux étant individuellement auto-répulseur, mais tous les deux s'attirant mutuellement.

Au premier abord, la théorie de Franklin semble de beaucoup la plus simple des deux ; mais sa simplicité n'est qu'apparente. Car, quoique Franklin n'admît qu'un seul fluide, il fut obligé de convenir qu'il y avait lieu à trois actions bien distinctes :

1° La répulsion propre des particules électriques entre elles ;

2° L'attraction mutuelle entre les particules électriques

et les particules pondérables du corps dans lequel l'électricité était diffusée ;

3° Les deux actions conduisent forcément à conclure que les particules matérielles se repoussent aussi mutuellement. Ainsi la théorie de Franklin est loin d'être aussi simple qu'on pourrait tout d'abord le supposer.

La théorie de Symmer, que l'on pourrait croire d'abord la plus compliquée, est, en fait, de beaucoup plus simple. Suivant cette théorie, les actions électriques sont produites par deux fluides, chacun d'eux individuellement auto-répulseur, mais tous les deux s'attirant mutuellement. Ces fluides se collent aux atomes de matière. Chaque corps, à l'état naturel, possède les deux fluides en quantités égales ; tant que les fluides sont réunis, ils se neutralisent réciproquement, et les corps dans lesquels ces deux fluides sont ainsi combinés sont à l'état neutre ou non électrisés.

Par le frottement (ou d'autres moyens divers), ces deux fluides peuvent être séparés, l'un se portant de préférence sur le frotteur, l'autre sur le corps frotté.

Suivant cette théorie, il doit toujours y avoir attraction entre le frotteur et le corps frotté, et cela nous l'avons démontré, parce qu'ils sont électrisés contrairement. Telle est la vérité, et remarquez bien ce que je vais vous dire : outre le frottement propre, cette attraction électrique doit être vaincue et surmontée lorsque nous frottons le verre avec de la soie, ou la cire à cacheter avec de la flanelle.

Vous êtes encore trop jeunes pour vous pénétrer complétement de ce sujet, et ce serait nous égarer que de trop l'approfondir ; je vais toutefois livrer à vos réflexions futures la remarque suivante : en faisant un effort pour effectuer le simple frottement, vous produisez de la chaleur à la fois sur la surface frottante et sur la surface frottée ; en faisant obstacle à l'attraction électrique, la force que vous dépensez peut être convertie en chaleur qui peut se manifester à des milliers de kilomètres de l'endroit où elle a été engendrée.

Les conceptions théoriques sont incessamment modifiées et corrigées au fur et à mesure des progrès de la science, et cette théorie des fluides électriques est révoquée en doute par beaucoup de savants très-distingués. Avant d'être acceptée comme complète, elle devra nécessairement être présentée sous une forme qui établisse sa connexité avec la production de la chaleur et de la lumière. Néanmoins, quoique nous la négligions dans le cours de ces leçons, la théorie nous sera fort utile pour démêler les phénomènes électriques et établir les rapports qui existent entre eux.

§ 13. — Induction ou influence électrique. définition.

Il nous faut maintenant appliquer la théorie des fluides électriques à l'importante question de l'*induction* ou *influence électrique*.

Les premiers observateurs ont signalé que le contact

n'était pas nécessaire pour développer dans un corps les propriétés électriques. Otto de Guericke, nous l'avons déjà vu (§ 2), remarqua qu'un corps, porté dans le voisinage de son globe de soufre, devenait électrisé. En approchant son tube de verre, électrisé par frottement, de l'une des extrémités d'un corps conducteur, Stephen Gray attira des corps légers à l'autre extrémité de ce corps conducteur. Il obtint aussi, par ce moyen, des phénomènes d'attraction à travers le corps humain. A son grand étonnement, du Fay obtint aussi une étincelle du corps d'un homme. Canton, en 1753, suspendit à des fils de lin des balles de moelle de sureau, et en approchant, à une certaine distance, un tube de verre électrisé par frottement, il les fit diverger de la verticale. En éloignant le tube, les balles retombent, aucune charge permanente ne leur ayant été communiquée. Ces phénomènes furent ensuite étudiés par Wilcke et Æpinus, Coulomb et Poisson.

Toutes ces expériences rentrent dans la loi suivante : Quand un corps électrisé est porté dans le voisinage d'un corps conducteur non électrisé, le fluide neutre de ce dernier est décomposé ; l'une de ces électricités composantes est attirée, l'autre est repoussée. En enlevant le corps électrisé, les électricités séparées se recombinent et ce corps conducteur, revenant à l'état neutre, cesse d'être électrisé. Cette décomposition du fluide neutre par la présence d'un corps électrisé est appelée *induction* ; on l'appelle aussi *électrisation par influence.*

Si, pendant qu'il est sous l'influence du corps électrisé, le corps influencé est touché avec le doigt, l'électricité libre (qui est toujours de même genre que celle du corps inducteur) s'échappe, et l'électricité contraire reste captive.

En enlevant le corps électrisé inducteur, l'électricité captive devient libre, et le conducteur reste finalement chargé d'électricité contraire à celle du corps qui l'a influencé.

Répétez l'expérience de Stephen Gray; placé une règle en bois LL′ (*fig.* 14) sur un verre chauffé G, et placez sur un support, au-dessous et à quelque distance de son

FIG. 14.

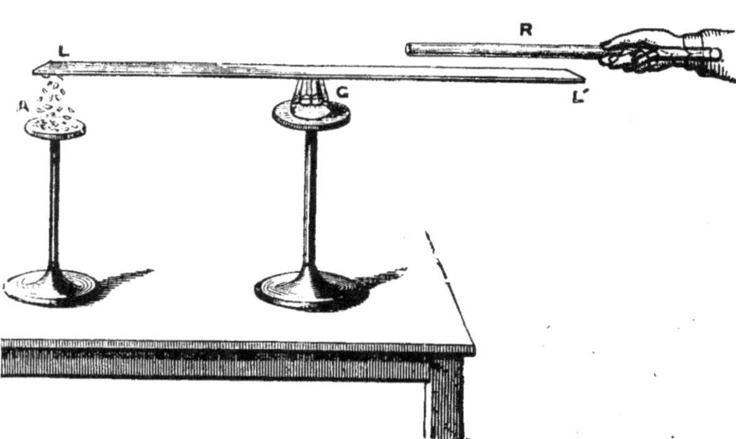

extrémité L, quelques menus fragments de papier A ou de feuilles d'or. Electrisez votre tube de verre R en le frottant vigoureusement, et présentez-le au-dessus de l'extrémité L de la règle, sans la toucher, comme le montre la figure. Cette règle peut avoir plusieurs mètres de longueur : les corps légers A seront attirés. Cette expérience est facile à exécuter, et doit être répétée jusqu'à ce qu'on l'effectue avec certitude.

Ici de nouveau, il faut appeler votre attention sur la nature des verres dont on fait usage, certains d'entre eux étant d'une qualité si commune qu'ils n'ont aucune propriété isolante.

§ 14. — RECHERCHES EXPÉRIMENTALE SUR L'INDUCTION ÉLECTRIQUE.

Vos connaissances sur l'induction doivent être complètes pour toutes les recherches que nous aurons à faire à l'avenir. En effet, aucun phénomène électrique ne peut être expliqué sans le secours des effets et lois de l'induction ; lorsque vous les connaîtrez à fond, vous serez satisfaits d'y trouver un moyen puissant pour vous rendre compte des phénomènes dont vous serez témoins. Nous allons donc attaquer la question résolûment avec la ferme intention de l'épuiser complétement.

Ici nous devons nous procurer un petit appareil complémentaire. Nous devons pouvoir, en quelque sorte, prendre des échantillons d'électricité, et les transporter de place en place pour les analyser. Dans ce but, le petit *plan d'épreuve* représenté *fig.* 15 conviendra parfaitement. T est un fragment de feuille d'étain de quelques

FIG. 15.

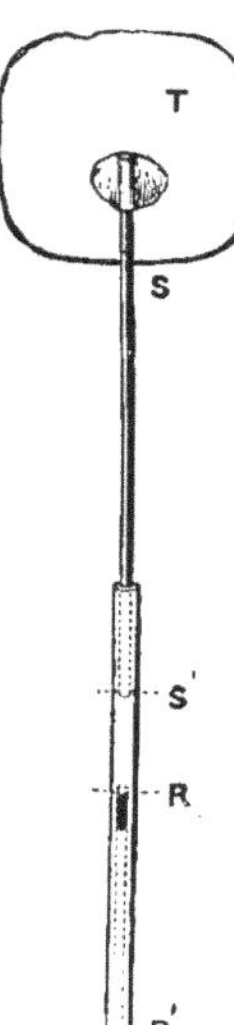

centimètres carrés. On fixe à l'aide de cire à cacheter, un brin de paille SS' qui sert de manche; ce brin de paille est lui-même encastré dans un bâton de cire à cacheter RR'. On peut aussi, pour une très-faible somme, faire usage d'un manche en ébonite ou caoutchouc durci sur lequel on colle la feuille métallique T. L'extrémité R étant tenue à la main, on fait toucher le corps électrisé par la partie métallique T ; en la présentant à l'électroscope, on peut dès lors rechercher quelle est la nature de l'électricité qu'on a puisé sur le corps électrisé.

Touchez, avec le *plan d'épreuve* que nous venons de décrire, un tube de verre frotté, puis mettez ce plan d'épreuve en contact avec l'électroscope ; les feuilles d'or de ce dernier divergeront par l'électricité positive. Touchez avec le doigt votre électroscope afin de le décharger : la divergence cessera et les feuilles d'or retomberont. Mettez ensuite votre *plan d'épreuve* en contact avec un tube de gutta-percha frotté, puis portez-le contre l'électroscope : les feuilles d'or divergeront encore, mais cette fois par l'électricité négative. En fait, si l'électricité d'un corps augmente la divergence produite par l'électricité provenant du verre frotté, ce corps est chargé d'électricité positive. Si elle augmente la divergence produite par l'électricité provenant de la gutta-percha, l'électricité de ce corps est négative. Ceci posé, nous pouvons poursuivre nos recherches.

Placez un œuf E, comme le montre la *fig*. 16, sur un verre à pied chauffé ; approchez à environ 2 centimètres de l'extrémité de l'œuf votre tube de verre frotté G ; que se produit-il dans l'œuf ? Son électricité neutre est

Fig. 16

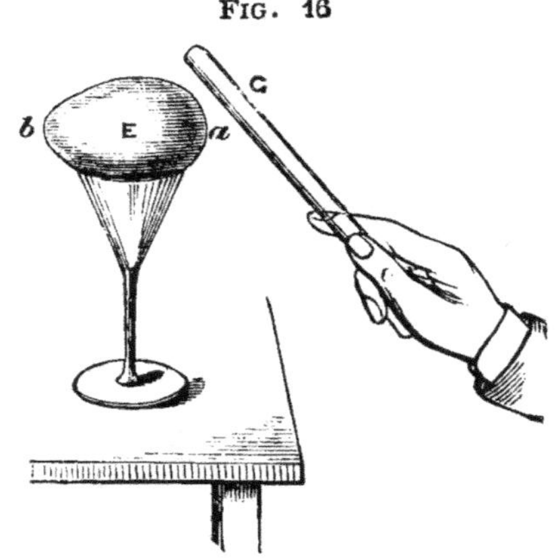

décomposée ; le fluide négatif se porte en a, en face du tube de verre, et le fluide positif se porte dans l'autre extrémité b. Enlevez le tube de verre, que se produit-il ? Les deux électricités se recombinent, et l'œuf revient à l'état neutre ; on peut le vérifier · soit en touchant l'œuf avec un plan d'épreuve que l'on présente à l'électroscope, soit avec l'œuf lui-même, qui est sans action sur l'électroscope ou sur la règle en équilibre.

Présentez de nouveau le tube électrisé en face de l'œuf, comme le montre la figure, et touchez son extrémité *b* avec le *plan d'épreuve*. Celui-ci, maintenant, attire la paille (*fig.* 2) ou la règle équilibrée (*fig.* 4); il fera aussi diverger les feuilles d'or de votre électroscope. Mais quelle est la *qualité* de son électricité? Elle repousse le verre frotté et est repoussée par lui : donc l'électricité en *b* est positive. Déchargez le plan d'épreuve en le touchant avec la main, et mettez-le cette fois en contact avec l'extrémité *a* de l'œuf, la plus rapprochée du tube de verre G. L'électricité que vous recueillez repousse la gutta-percha et est repoussée par elle : donc elle est négative. Vous pourrez aussi vérifier la qualité à l'aide de l'électroscope (1).

(1) La théorie du phénomène fondamental de l'induction ou influence électrostatique, telle qu'elle est exposée dans ces *Leçons sur l'Électricité* par M. le professeur Tyndall, n'est pas conforme aux théories et aux programmes officiels français, bien que *seule elle soit conforme au raisonnement et aux résultats de l'expérience.*

La théorie adoptée par M. le professeur Tyndall est la théorie qui, esquissée peu de temps avant sa mort par l'illustre physicien italien Melloni, a été depuis démontrée expérimentalement par son célèbre compatriote, M. le professeur Volpicelli, de l'université de Rome.

Nous sommes d'autant plus heureux de signaler ce point à nos lecteurs que c'est nous qui avons, le premier en France, exposé la théorie de Melloni-Volpicelli, dans le journal *Les Mondes,* dirigé par M. l'abbé Moigno, comme la seule qui soit basée sur l'expérience et qui permette d'expliquer les anomalies singulières que l'on rencontre en essayant d'analyser, à l'aide de l'ancienne théorie, les phénomènes complexes de l'induction électrostatique.

La question étant encore l'objet de quelques controverses, l'o-

Tandis que le tube G est en face de l'œuf, touchez son extrémité *b* avec le doigt; ensuite, essayez de charger le plan d'épreuve en touchant l'œuf en *b*; vous n'obtiendrez aucune charge, car l'électricité positive a disparu. L'électricité négative a-t-elle aussi disparu? Non. En effet, éloignez le tube de verre, et touchez de nouveau le point *b* avec le plan d'épreuve. Il sera chargé, non d'électricité positive, mais bien d'électricité négative. Il importe de bien comprendre cette expérience : l'électricité neutre de l'œuf est tout d'abord décomposée en électricités négative et positive; la première est attirée, la seconde est repoussée par le verre électrisé par frottement. L'électricité repoussée est libre et peut se disperser, ce qui a eu lieu lorsque vous avez touché l'œuf avec le doigt. Mais l'électricité attirée ne peut pas se disperser tant que le tube inducteur ou influençant se trouve dans le voisinage. En enlevant le tube qui retient à l'état captif l'électricité négative, ce fluide se répand aussitôt sur toute la surface de l'œuf. Notons ici que ces expériences réunissent aussi bien avec une pomme ou un navet qu'avec un œuf.

Déchargez l'œuf en le touchant. Réélectrisez, en le frottant, le tube de verre, et approchez-le de nouveau. Touchez l'œuf en *a*, soit avec un fil métallique, soit avec

pinion d'un savant aussi autorisé que l'est M. Tyndall nous fait espérer qu'elle sera bientôt tranchée, et que tout le monde ne tardera pas à adopter la nouvelle théorie des illustres physiciens italiens. (*R. Francisque-Michel.*)

le doigt. Est-ce l'électricité négative en a, dans laquelle vous plongez en quelque sorte votre doigt, qui s'échappe? Non. Le fluide positif libre passe à travers le négatif et par votre doigt à la terre. On peut le prouver en enlevant d'abord le doigt, puis en éloignant le tube de verre; on voit que l'œuf reste chargé négativement.

Placez deux œufs E, E (*fig.* 17) sur deux verres bien séchés au feu $g, g,$ et mettez ces œufs en contact en C,

FIG. 17.

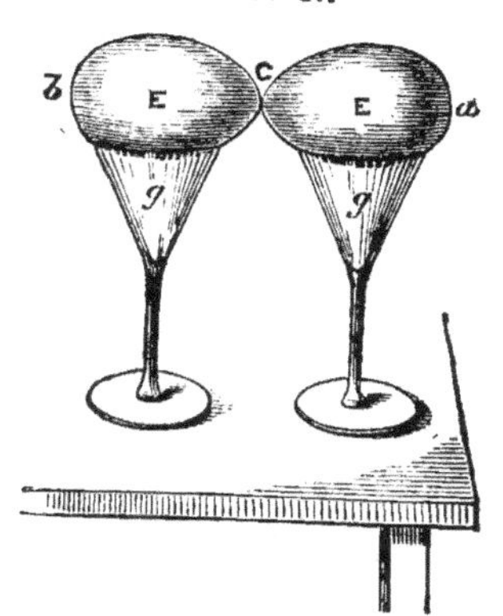

comme le montre la figure. Portez votre tube de verre frotté dans le voisinage de a, et, laissant le tube dans cette position, séparez les œufs, en éloignant l'un des verres. Enlevez ensuite le tube inducteur, et vérifiez l'état électrique de chacun des œufs : a repousse la cire à cacheter frottée, et b repousse le verre frotté; on en conclut que a est négatif et b positif. Les deux charges, en outre, se neutralisent complétement en présence de l'électroscope.

Remettez les œufs en contact comme dans la figure, et approchez de nouveau le tube de verre électrisé du point a; touchez ce point a avec le doigt, puis séparez les œufs. Enlevez alors le tube de verre, et essayez la qualité électrique de chacun des œufs; vous trouverez a négatif et b neutre; l'électricité de ce dernier s'est échappée par votre doigt, quoique vous ayez seulement touché le point a.

Deux pommes A, A, portées sur des pieds de cire à cacheter (*fig.* 18), conviennent parfaitement pour cette

FIG. 18.

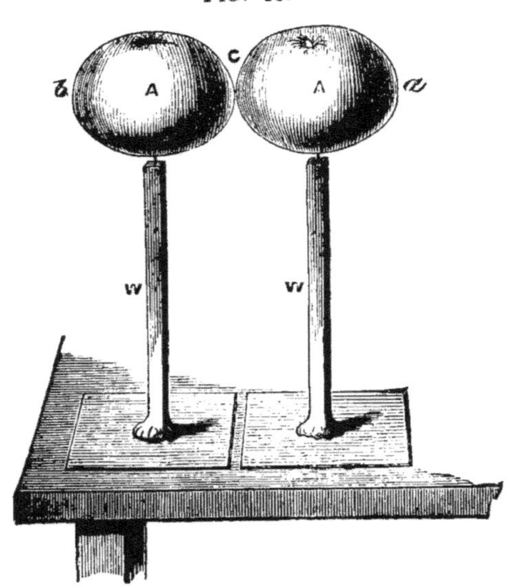

expérience. Dans le cas où l'on en fait usage, on entre à chaud une aiguille un peu forte dans les bâtons de cire à cacheter, et sur cette aiguille on fiche la pomme; enfin, pour fixer la base de ces bâtons de cire à cacheter sur une petite planchette, il suffit d'allumer cette cire comme s'il s'agissait de cacheter une lettre. Un semblable dispositif permet de faire des expériences bien plus instructives que celles qu'on effectue avec des instruments d'un prix élevé. -

Etendons encore le champ de nos expériences ; au lieu de mettre les deux œufs ou les deux pommes en contact, éloignons-les l'un de l'autre de 1 ou 2 mètres, et tendons entre eux une chaîne légère C (*fig.* 19) ou un fil métallique. Deux boules de cuivre ou de bois recouvertes

FIG. 19.

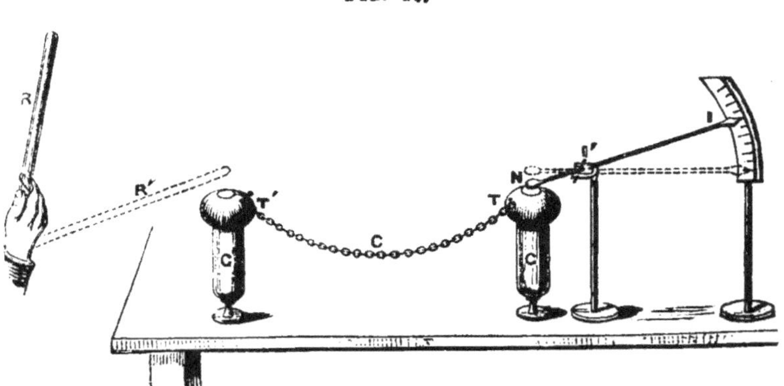

de papier d'étain, posées sur des verres élevés G, G′, conviendront mieux pour cette expérience, car elles supporteront mieux le poids de la chaine ; cependant on peut faire l'expérience avec deux pommes, deux œufs ou deux navets. Pour le moment, supposons que l'index de paille II′ soit enlevé de la figure. Frottez votre tube de verre, R, et approchez-le en R′, près de l'une des boules; essayez-les successivement : l'une T′, celle qui est rapprochée du tube R′, est négative ; celle qui en est éloignée T est positive. Touchez T, celle qui est la plus rapprochée du tube R′ ; l'électricité positive, qui à travers la chaîne s'est transportée jusqu'aux parties les plus éloignées du système, retourne le long de la chaîne, traverse l'électricité, négative qui est retenue captive par l'influence du tube, et s'échappe en terre. En enlevant le tube R′, l'électricité négative se répand dans la chaîne et les deux boules.

Dans la *fig*. 8, vous avez vu un petit disque N et un index de paille II′ ; vous avez retrouvé dans la *fig*. 19 sous une plus petite échelle. A l'aide de ce dispositif, vous voyez immédiatement et l'effet de la première induction, et l'effet que produit le contact de votre doigt avec une partie quelconque du système.

A l'état ordinaire, le disque N reste, au-dessus de la boule T′, dans la position indiquée en pointillé dans la figure. Mais approchez le tube frotté de T′ ; l'extrémité N de l'index descend immédiatement, et celui-ci se meut en face de l'échelle divisée. Eloignez le tube R : l'index II′ reprend sa position et retombe immédiatement. En approchant et en éloignant à maintes reprises le tube R, on vérifie avec quelle promptitude l'index II′ révèle la séparation et la recombinaison des fluides.

Tandis que le tube est près de T′ et que l'extrémité N de l'index est attirée, touchez T′ avec le doigt. L'extrémité **N** reprend immédiatement la position du repos, parce que l'électricité qui l'attirait s'est échappée par la chaîne et par votre doigt dans la terre. Enlevez maintenant le tube inducteur : l'électricité négative, qui était en quelque sorte captive par l'induction du tube de verre, devenant libre, se répand dans tout le système, et l'index est de nouveau attiré.

Dans la disposition que nous venons de décrire, vous pouvez remplacer la chaîne qui relie les deux boules par un fil de métal, supporté par des fils de soie. C'est ce que l'on voit, *fig.* 20, dans laquelle le fil métallique *w*

FIG. 20.

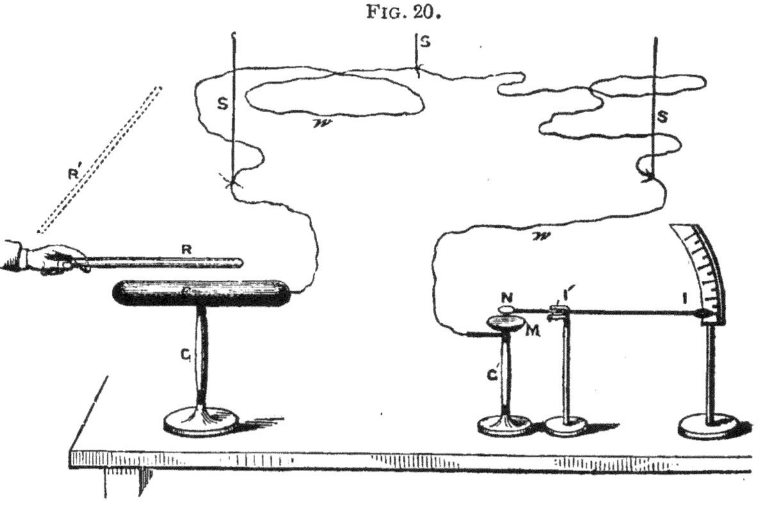

est soutenu par des cordons de soie S, S, S. A la boule **T'** (*fig.* 19) on a substitué le cylindre **C**, supporté par un pied de verre **G** ; le petit plateau métallique **M** remplace

la boule T. A chaque approche et à chaque éloignement
du tube de verre frotté R, correspond une attraction ou
un retour à l'état horizontal du disque N, et par suite de
l'index NI.

C'est ici le cas de répéter une expérience due à un grand

FIG. 21.

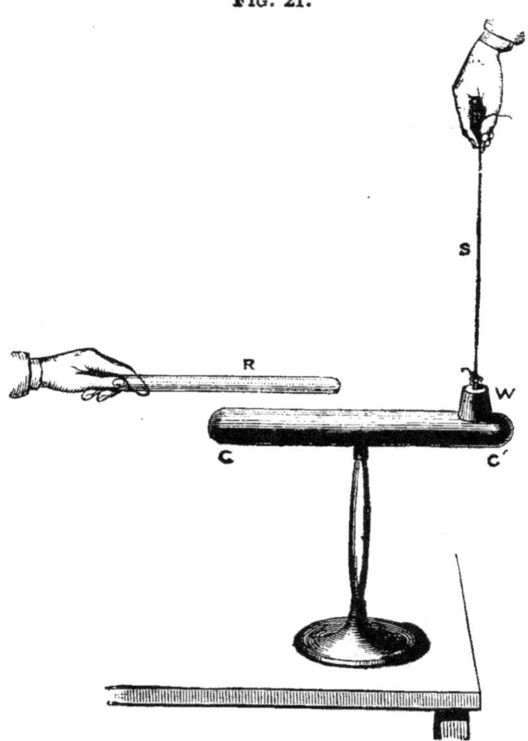

électricien nommé Æpinus, expérience historique qui présente un grand intérêt.

Isolez sur un pied de verre un conducteur métallique

de forme allongée CC' (*fig.* 21), conducteur qui peut être constitué par un cylindre en bois revêtu de papier d'étain, ou même par une carotte, un concombre, etc. Un petit poids W, suspendu par un cordon de soie S, repose sur une extrémité de ce conducteur ; approchez votre tube en verre frotté de l'autre extrémité du conducteur : vous pouvez prédire ce qui va avoir lieu lorsque vous enlèverez le poids W. Celui-ci emportera avec lui de l'électricité qui agit sur la règle en équilibre et repousse le verre frotté.

Montez sur un tabouret isolant, ou faites-en un en plaçant une planche sur quatre verres bien desséchés. Présentez les phalanges de votre main droite à l'extrémité de la règle en équilibre, et étendez votre bras gauche; vous n'observez aucune attraction sur la règle. Mais faites placer un tube de verre frotté, par un aide, au-dessus de votre bras gauche ; la règle sera immédiatement attirée par votre main droite.

Touchez la règle ou tout autre corps non isolé : le pouvoir d'attirer disparaît. Après cela, si longtemps que le tube électrisé reste au-dessus du bras, il n'y a pas d'attraction ; mais, lorsqu'on éloigne ce tube, la main recouvre sa propriété attractive. Dans ce cas, la première attraction était due à l'électricité positive, qui s'était propagée de la main gauche dans la main droite ; la seconde attraction est due à l'électricité négative, devenue libre lorsque le tube inducteur a été enlevé. Ainsi l'expérience confirme pleinement la théorie.

Placez-vous sur un tabouret isolant, et placez votre main droite sur l'électroscope : il n'y aura aucune action. Étendez le bras gauche, et laissez un aide en approcher et en éloigner alternativement un tube de verre frotté : les feuilles d'or de l'électroscope s'ouvriront et se refermeront alternativement, en raison de l'éloignement et du rapprochement du tube. A chaque rapprochement, l'électricité positive se répand dans les feuilles d'or ; à chaque éloignement, l'équilibre électrique est rétabli.

Nous sommes maintenant à même de répéter facilement l'expérience de du Fay dont nous avons parlé § 13. Une planchette est supportée par quatre cordes en soie, et sur cette planchette est étendu un enfant (*fig.* 22). Placez

FIG. 22.

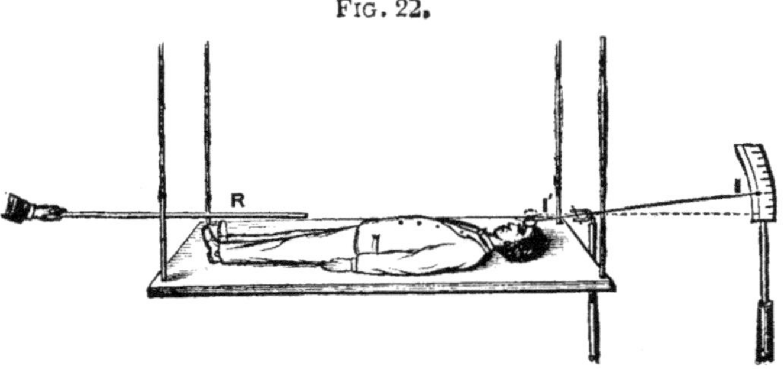

son front, ou mieux son nez, au-dessous de l'index de paille II′ ; puis présentez au-dessus de ses jambes votre tube de verre frotté ; instantanément, l extrémité I′ de l'index est attirée, et l'aiguille I se meut en face de l'échelle divisée. Avant que le petit disque métallique I′

vienne en contact avec le corps du sujet, une étincelle apparaît entre le disque I′ et le nez de l'enfant.

Je vais maintenant vous demander de charger votre électroscope (représenté *fig.* 7) positivement au moyen de gutta-percha frottée, et négativement au moyen de verre frotté. Un peu de réflexion vous permettra de le faire facilement. Vous approchez de l'électroscope votre corps électrisé par frottement : la même électricité que celle du corps frotté est repoussée dans les feuilles qui divergent alors par répulsion. Touchez l'électroscope avec le doigt : les feuilles se referment. Enlevez votre doigt, puis enlevez le corps électrisé inducteur : les feuilles divergent alors par l'électricité contraire.

La méthode la plus simple pour reconnaître la qualité de l'électricité dont un corps est chargé consiste à charger l'électroscope d'une électricité connue. Si, *à l'approche* du corps à analyser, la divergence des feuilles augmente, les feuilles de l'électroscope et le corps ont la même électricité. Si cette divergence diminue, les feuilles et le corps sont chargés d'électricités contraires.

Laissant de côté la dernière expérience, vous pouvez voir que la somme des connaissances acquises dans ces recherches peut entrer dans l'esprit d'un enfant intelligent à bien peu de frais.

Possédant à fond les principes de l'induction et connaissant ses différentes applications, nous verrons que toutes les difficultés de notre sujet sont, d'ores et déjà, complétement aplanies. En fait, toutes nos recherches ultérieures consisteront à expliquer des phénomènes divers à l'aide des principes de l'induction.

Si nous ne connaissions pas ces principes, nous ne pourrions pas nous expliquer l'attraction des corps à l'état neutre par les tubes électrisés par frottement. *En fait, les corps attirés ne sont pas à l'état neutre;* ils sont d'abord électrisés par influence, et c'est parce qu'ils sont ainsi électrisés que l'attraction a lieu.

Il est temps maintenant d'approfondir un point que nous n'avons fait qu'effleurer. Les corps à l'état neutre, nous venons de le dire, sont attirés parce qu'ils sont réellement convertis, par induction, en corps électrisés. Supposons un corps faiblement électrisé positivement, sur lequel vous faites agir votre tube de verre frotté. Vous voyez clairement que l'électricité négative induite peut être assez forte pour masquer et surmonter la faible charge positive que possédait le corps; nous aurons donc deux corps, semblablement électrisés, s'attirant l'un l'autre. C'est là le danger que je vous ai signalé au § 10, lorsque je vous ai dit de rejeter l'essai de la qualité d'un corps électrisé au moyen de l'attraction.

Nous allons maintenant appliquer le principe de l'induction pour expliquer une belle invention faite par le célèbre Volta en 1775, l'invention de l'*électrophore*.

4.

§ 15. — ÉLECTROPHORE.

Découpez, dans une feuillle de zinc ordinaire, un cercle T d'environ 15 à 20 centimètres de diamètre, (*fig.* 23). Chauffez-en le centre à l'aide d'une lampe à

FIG. 23.

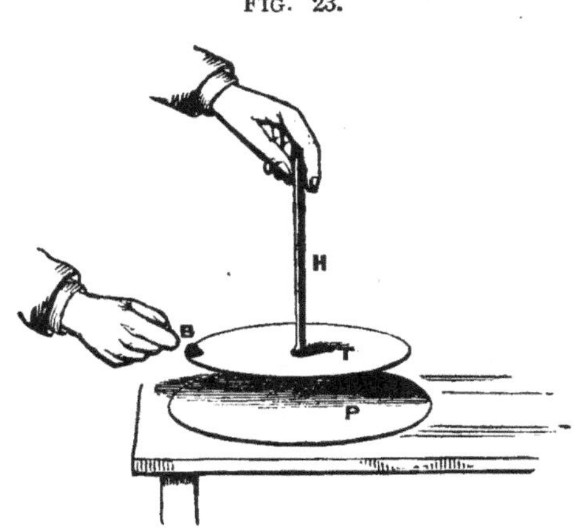

alcool ou d'une bougie, pour y fixer un bâton de cire à cacheter H, qui, lorsqne le métal sera refroidi, servira de manche isolant. Vous aurez ainsi le *disque de l'élec-trophore.* Un gâteau de résine ou, ce qui est plus simple une feuille de caoutchouc vulcanisé P, ou même de papier brun chauffé, constituera le *gâteau de l'électro-phore.*

Frottez le gâteau vivement avec de la flanelle ou avec une peau de chat : il sera électrisé négativement. Placez le disque de l'électrophore sur ce gâteau électrisé : il ne le touche qu'en quelques points seulement, et sur la plus grande partie de la surface le disque et le gâteau sont séparsé par une mince couche d'air.

La surface excitée agit par induction sur le disque, à travers cette couche d'air, attirant son électricité positive et repoussant la négative. En fait, il y a sur le disque deux couches d'électricité : l'une inférieure, positive, est retenue captive ; l'autre supérieure, négative, est libre. Enlevez le disque ; les électricités contraires se recombinént, le disque redevient à l'état neutre et est incapable d'attirer la règle en équilibre.

Placez de nouveau le disque sur la surface électrisée du gâteau, et touchez-le avec le doigt, que se passe-t-il ? Vous devez le prévoir : l'électricité, libre qui est négative, s'échappera dans la terre à travers votre corps, laissant derrière elle l'éiectricite positive à l'état captif.

Enlevez maintenant le disque par le manche ; ce qui se produit alors, vous devez encore le comprendre aisément. Le disque est chargé d'électricité positive libre : présentez-le à la règle équilibrée, il l'attirera avec force ; approchez-en votre doigt, et vous en verrez jaillir une étincelle.

Une pièce de 5 francs, ou même un sou, peut servir à faire cette expérience. Fixez à cette pièce de monnaie un peu de cire à cacheter jouant le rôle de manche isolant et posez-la sur le caoutchouc électrisé par frottement ; tou-chez-la avec le doigt, puis enlevez-la et présentez-la à la règle en équilibre. Cette règle peut être de forte dimension et par suite très-lourde; le petit disque d'électrophore, formé par la pièce de monnaie, l'attirera et la fera tourner dans tous les sens. Cette expérience est, sans contredit, des plus intéressantes.

Poussons plus loin nos recherches. Placez et, au besoin, maintenez à l'aide d'un petit poids sur le disque de votre électrophore l'une des extrémités d'un mince fil métallique dont l'autre extrémité sera attachée à l'électroscope. Lorsque vous placez le disque sur le gâteau de l'électrophore, vous devez comprendre de prime abord ce qui va se produire. L'électricité repoussée se répandra à travers le fil dans l'électroscope, dont elle fera diverger les feuilles. Enlevez le disque, les feuilles d'or retomberont. Reposez et enlevez le gâteau à plusieurs reprises, et vous pourrez observer des ouvertures et des fermetures simultanées dans les feuilles d'or.

Une boulette de cire à cacheter B, recouverte de papier d'étain et placée sur le disque de l'électrophore, vous permettra d'obtenir une étincelle beaucoup plus intense; nous verrons bientôt quelle en est la raison.

Il est bon de remarquer ici que nous nous sommes efforcés de nous rendre compte de chaque expérience avant de l'effectuer en fait; n'est-il pas vrai qu'on éprouve une bien grande satisfaction en observant la vérification expérimentale des faits que l'on a prévus et qu'on s'attendait à produire?

§ 16. — Action des pointes et des flammes.

L'électrophore une fois connu, nous en arrivons naturellement à parler de la machine électrique. Toutefois, avant de l'aborder, nous devons étudier les modes de diffusion de l'électricité sur les corps conducteurs, et plus spécialement sur les conducteurs allongés ou pointus.

Frottez votre tube de verre, et promenez-le sur la surface d'une sphère métallique isolée, ou bien sur une boule de bois recouverte de papier d'étain, ou sur tout autre conducteur de forme sphérique. Répétez cette opération plusieurs fois afin de charger fortement la sphère. Touchez cette dernière avec le plan d'épreuve, et présentez celui-ci à l'électroscope ; notez l'angle d'écartement des feuilles. Déchargez l'électroscope avec le doigt, et répétez l'expérience en touchant, avec le plan d'épreuve, un autre point de la sphère. L'électroscope accusera sensiblement la même divergence. En expérimentant avec les appareils les plus parfaits, le physicien le plus habile trouvera qu'un conducteur sphérique possède une charge égale à chaque point de sa surface. On peut considérer le fluide électrique comme un petit océan embrassant entièrement la sphère, et présentant partout la même profondeur.

Mais supposons que, au lieu d'être une sphère, le conducteur soit un cube, un cylindre allongé, un cône ou un disque. La profondeur ou, comme on l'appelle souvent, la *densité* de l'électricité ne sera pas la même en tous les points du conducteur. Les angles d'un cube auront une charge plus considérable que ses faces ; les extrémités d'un cylindre auront une charge plus élevée que la partie médiane ; de même pour la circonférence, où les bords d'un disque accuseront une charge plus forte qu'un point quelconque de sa surface ; enfin, dans le cas d'un cône, la charge maxima sera à la pointe ou sommet.

Vous pouvez vérifier la vérité de ees assertions d'une manière rudimentaire, il est vrai, mais concluante, en chargeant, après la sphère, un navet coupé en forme de cube, ou bien une boîte à cigares recouverte de papier d'étain ; un cylindre de métal, ou un cylindre de bois recouvert d'étain ; un disque de zinc ou de cuivre ; enfin une carotte que vous aurez taillée en cône. Vous trouverez que la charge communiquée au plan d'épreuve par les arêtes vives ou les pointes de ces corps est beaucoup plus considérable que celle qui est communiquée par les surfaces arrondies ou émoussées. Quoique n'étant pas très-grande, la différence est très-sensible. Un œuf, posé sur le côté comme nous l'avons fait dans nos expériences sur l'induction (*fig.* 16), possède une charge plus forte à ses extrémités que dans sa partie médiane.

Laissez-moi vous donner un exemple de cette distribution, exemple tiré d'un ouvrage sur l'*Électricité statique* du professeur Riess, de Berlin. Deux cônes (*fig*. 24) sont opposés base contre base. Si nous représentons par 100 l'intensité de la charge à la circonférence suivant la-

FIG. 24.

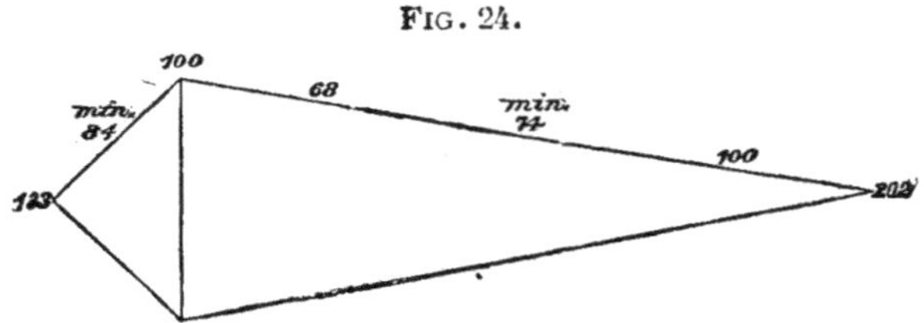

quelle les deux cônes sont en contact, la charge au sommet du cône le plus obtus sera représentée par 133, et la charge au sommet du cône le plus aigu par 202.

Les autres nombres sur la figure indiquent la valeur de la charge aux points en face desquels ils sont placés. La *fig*. 25 représente un cône placé sur un cube. La

FIG. 25.

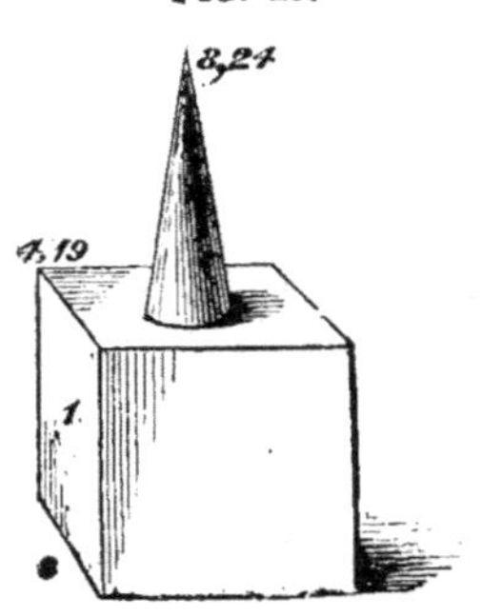

charge sur une face du cube étant représentée par 1, la charge aux angles du cube et au sommet du cône est représentée par d'autres chiffres qui sont tous beaucoup plus forts que celui qui représente la charge sur la surface plane.

Riess a trouvé qu'on pouvait déduire, avec une grande exactitude, le degré d'acuité d'une pointe d'après la charge électrique qu'elle comporte. Il a comparé, dans cet ordre d'idées, l'acuité de diverses épines par rapport à celle d'une aiguille à coudre très-fine, et voici le résultat de ses recherches : l'épine d'euphorbe est plus aiguë que la pointe d'une aiguille ; la pointe de groseiller est de la même finesse que l'aiguille ; tandis que l'épine du cactus, du mûrier sauvage et du rosier sont beaucoup moins fines que l'aiguille. Si l'on représente, par exemple, la charge prise sur l'euphorbe par le chiffre 90, celle qui est prise sur l'aiguille est égale à 80, et celle du rosier seulement égale à 53.

En considérant que chaque électricité se repousse elle-même et qu'elle s'amoncelle sur une pointe de la façon que nous venons de montrer, vous concevrez facilement que, lorsqu'un conducteur portant une pointe possède une charge électrique suffisamment forte, l'électricité finira par se disperser en s'écoulant par cette pointe.

Les expériences suivantes sont fort importantes au point de vue théorique. Fixez un bâton de cire à cacheter à une plaque de zinc ou de bois, de façon que le bâton de cire se tienne dans une position verticale. Chauffez une aiguille, et introduisez-la au sommet du bâton de cire ; sur cette aiguille, fichez une carotte dans une position hori-

zontale ; vous aurez ainsi un conducteur isolé. Faites entrer
à l'une des extrémités de la carotte une aiguille à coudre,
et présentez votre tube de verre électrisé par frottement
en face de cette pointe. Que s'est-il passé ? L'électricité
négative de la carotte s'est immédiatement déchargée de
la carotte sur le tube de verre ; enlevez le tube, vous
pourrez, en effet, vérifier que la carotte est restée électrisée positivement.

Voici maintenant une autre expérience, moins facile à
faire, mais que l'on peut toujours réussir avec un peu de
soin. Electrisez votre tube de verre par frottement, et présentez-le à l'extrémité de la carotte qui n'a pas d'aiguille.
Que se produit-il ? L'électricité positive est repoussée vers la
pointe, par laquelle elle s'écoule dans l'air. Eloignez le
tube et essayez l'état électrique de la carotte : vous trouverez qu'elle est électrisée négativement.

Tournez la carotte de façon que la pointe soit dirigée
vers vous ; en face de l'aiguille, placez une plaque de
verre bien sec, de poix, de résine, de gomme-laque, de
parafine, de gutta-percha, ou tout autre corps isolant.
Faites passer votre tube de verre frotté en face de la
pointe, mais de telle façon que la plaque isolante soit
entre la pointe et le tube : la pointe déchargera son électricité sur la plaque isolante, que vous trouverez finalement électrisée négativement.

§ 17. — MACHINE ÉLECTRIQUE.

Une machine électrique comprend essentiellement deux parties principales : le corps isolant qui est électrisé par frottement, et le conducteur principal.

La sphère de soufre d'Otto de Guericke a été, nous l'avons déjà dit, la première machine électrique. La main servait de frotteur, et a été pendant longtemps le seul frotteur en usage. Au globe de soufre, Hauksbee et Winckler substituèrent des globes de verre. Boze de Wittenberg (1741) ajouta à la machine le conducteur principal, qui n'était autre chose, dans le principe, qu'un tube d'étain supporté sur de la résine ou suspendu à des cordons de soie. Peu après, Gordon remplaça le globe de verre par un cylindre de même matière, monté tantôt horizontalement, tantôt avec axe vertical. Gordon obtint avec ses machines des décharges assez intenses pour tuer de petits oiseaux. En 1760, Planta construisit la machine à plateau actuellement en usage.

M. Cottrell a construit spécialement pour ces Leçons la petite machine à cylindre représentée *fig.* 26. Le cylindre de verre a 20 centimètres de longueur sur 8 de diamètre, et ne coûte que 2 francs environ. Ce cylindre est monté sur un axe composé d'une tige de bois, sur laquelle il est fixé aux deux goulots par de la cire à cacheter. G est une tige de verre supportant le conducteur C, qui se compose d'une pièce de bois recouverte de papier d'étain, dans laquelle on a planté une série de pointes d'épingles P, P. Le frotteur, que l'on voit de l'autre côté du cylindre, porté par le mon-

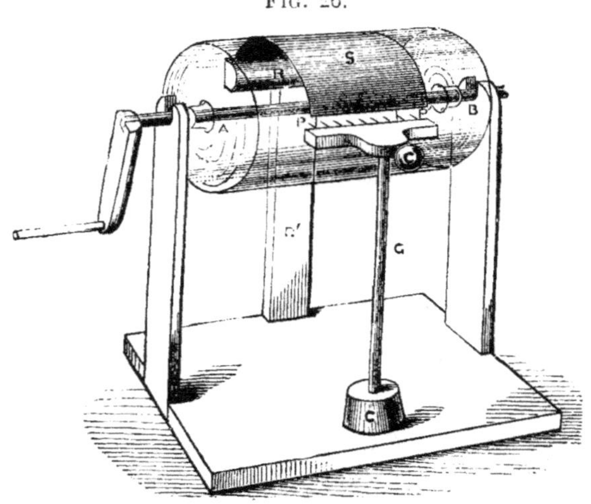
FIG. 26.

tant R', presse contre le cylindre de verre. S' est une bande de soie qui est attachée au frotteur. Lorsqu'on tourne la manivelle, on peut tirer des étincelles ou charger une bouteille de Leyde (1) au bouton métallique C. La *fig.* 27 représente une machine à plateau. P est le plateau en verre qui tourne sur un axe passant par son centre :

___
(1) Nous verrons plus loin ce qu'on entend par *bouteille de Leyde.*

R et R′ sont deux frotteurs qui appuient sur le plateau, et auxquels sont fixées deux garnitures de soie SS′. A et A′ sont deux mâchoires de pointes, faisant partie du con-

FIG. 27.

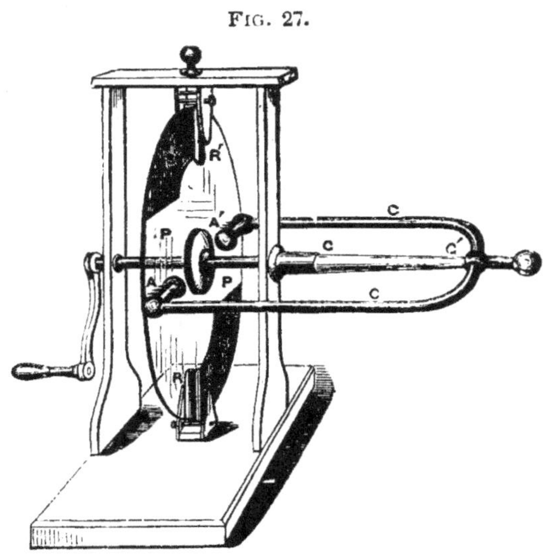

ducteur principal C ; GG′ est un bâton de verre qui rompt la communication entre le conducteur et la manivelle de la machine.

Le conducteur de la machine se charge de la manière suivante. Lorsqu'on tourne le plateau de verre, celui-ci, passant entre les frotteurs, est électrisé positivement. En face du verre électrisé se trouvent les pointes, à mi-chemin entre deux frotteurs. Le verre agit par influence sur ces pointes, attirant l'électricité négative et repoussant l'électricité positive. Conformément aux principes énoncés § 16, l'électricité négative se répand des pointes sur le verre électrisé, lequel arrive ainsi à l'état neutre au prochain frotteur, où il s'électrise de nouveau.

Ainsi le conducteur de la machine se charge non par communication d'électricité positive, mais bien par élimination de son électricité négative.

Si, pendant que le conducteur est chargé, vous en approchez une phalange de la main, l'électricité passe du conducteur à votre doigt sous la forme d'une étincelle.

Faites produire cette étincelle sur votre phalange fermée pendant que l'on tourne la machine, et voyez l'effet produit en présentant au lieu de la phalange un de vos doigts au conducteur de la machine. L'étincelle sera dans ce dernier cas beaucoup moins brillante. Au lieu de votre doigt, présentez une pointe d'aiguille au conducteur de la machine ; vous ne pourrez faire naître aucune étincelle. Pour obtenir une bonne étincelle, il faut que, sur le conducteur de la machine, l'électricité ait atteint une *densité* suffisante (ou, comme on dit souvent, une *haute tension*); pour cela, il ne doit pas exister sur le conducteur ou dans son voisinage des pointes par lesquelles l'électricité puisse s'écouler. Toutes les parties de ce conducteur doivent donc être arrondies et dépourvues d'arêtes vives et de pointes.

Il est d'usage de fixer sur le conducteur un électroscope

composé d'une tige métallique verticale AC (*fig.* 28),

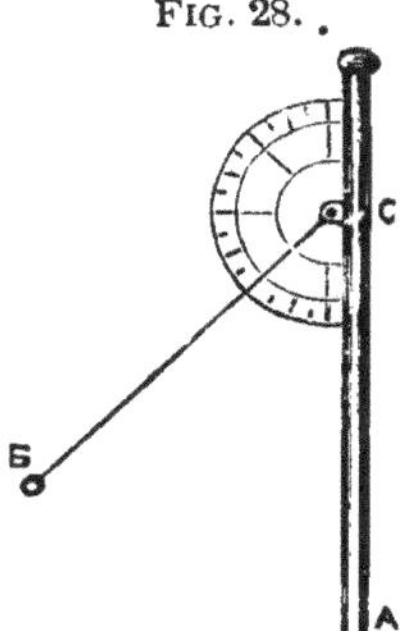

FIG. 28.

à laquelle est attachée une paille portant une balle en moelle de sureau B ; cette paille peut osciller sur un pivot placé en C. L'électricité du conducteur de la machine se répand sur toute la masse de l'électroscope ; la paille CB et la tige métallique AC étant toutes deux électeurs positivement se repoussent l'une l'autre, et la paille, qui constitue le corps mobile, s'écarte de la verticale. La divergence produite est mesurée au moyen d'un arc de cercle divisé, qui est représenté dans la figure.

§ 18. — EXPÉRIENCES SUR L'ACTION DES POINTES. TOURNIQUET ÉLECTRIQUE. — POISSON ÉLECTRIQUE. PARATONNERRES.

Si le conducteur d'une machine électrique ne présente pas de pointes ou d'arêtes vives, un seul tour du plateau de cette machine suffit pour produire sur l'électroscope que nous venons de décrire (*fig.* 28) une divergence considérable. Mais si, au contraire, le conducteur porte une pointe, vous n'obtiendrez jamais une forte divergence, par cette simple raison que l'électricité se disperse par la pointe au fur et à mesure qu'elle est engendrée.

Le même effet a lieu lorsqu'on présente une pointe au conducteur. Ce dernier agit par influence sur la pointe, et alors l'électricité négative se porte par la pointe sur le conducteur, qui est ainsi neutralisé en même temps qu'il se charge. Les flammes et les charbons embrasés agissent tout comme les pointes, et déchargent rapidement les corps électrisés.

L'électricité qui s'échappe dans l'air par une pointe ou une flamme communique à cet air la propriété de se repousser lui-même. La conséquence de ce fait est que, lorsqu'on place la main en regard d'une pointe montée sur le conducteur d'une machine électrique en fonction, on perçoit directement la sensation d'un courant d'air froid. Le Dr Watson remarqua ce fait le premier, au moyen d'une flamme placée sur un conducteur électrisé; plus tard, Wilson fit la même observation à l'aide d'une pointe; Jallabert et l'abbé Nollet, en France, ont observé et décrit l'effet des pointes et des flammes. Le courant d'air froid provoqué par les pointes a été appelé *vent électrique* : Wilson l'employa pour faire mouvoir des corps ; Faraday l'employa pour déprimer des surfaces liquides ; Hamilton utilisa la *réaction du vent électrique* pour mettre en rotation un système de fils métalliques pointus ; enfin on a remarqué que le *vent électrique* favorise l'évaporation des liquides.

L'appareil de Hamilton est appelé *tourniquet électrique*, et peut être simplement confectionné de la manière

suivante. On assemble, à l'aide d'un peu de cire à cacheter,
et perpendiculairement l'une à l'autre (*fig*. 29) deux

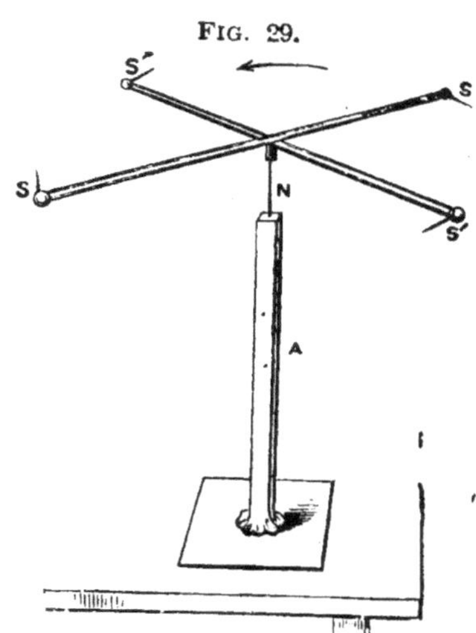

FIG. 29.

pailles d'environ 25 centimètres de longueur. On enfile
dans chaque paille un fil métallique fin et l'on en recourbe
les extrémités aux deux bouts de la paille, de façon à
consutuer un petit bras métallique pointu perpendiculaire
à la paille, mais dans le même plan que les deux
pailles, ce petit bras ayant de 2 à 3 centimètres de
longueur. Il est très-facile, à l'aide d'un peu de cire à
cacheter que l'on a fait dissoudre dans l'alcool, de fixer
le fil à la paille d'une façon définitive, afin que les pointes
restent toutes dans une position horizontale, comme le
montre la *fig*. 29. On peut aussi faire usage de pointes
d'épingles recourbées. Une parcelle de paille, fixée à

l'intersection des deux tiges, constitue une chape pour le système qui repose sur une aiguille N, montée sur un bâton de cire à cacheter A. Reliez cette aiguille N, à la machine électrique, et mettez celle-ci en fonction. Un vent d'une certaine force se produit à chaque pointe, et le système est obligé d'entrer en rotation, en sens contraire de la direction des pointes métalliques.

Il serait très-facile de disposer les pointes de façon que le vent émanant de certaines d'entre elles neutralisât le vent émanant d'autres. Les pointes métalliques doivent être disposées de telle façon que les effets individuels des pointes, au lieu de se contrarier, s'ajoutent les uns aux autres.

Les expériences suivantes démontrent très-clairement quels effets produisent les pointes. Placez-vous, comme vous l'avez déjà fait, sur un tabouret isolant supporté par quatre verres bien secs. Prenez, entre le pouce et l'index de la main droite, une petite aiguille à coudre et présentez-la à votre électroscope en ayant soin de placer votre index de façon à en masquer la pointe. Placez alors votre main gauche sur le conducteur de la machine électrique que vous ferez tourner par un aide : vous n'observerez alors dans l'électroscope qu'une très-faible divergence ; mais enlevez votre index et démasquez la pointe de l'aiguille, et vous verrez immédiatement les feuilles d'or de l'électroscope diverger avec une extrême violence.

Fixez sur le conducteur C (*fig*. 30) de votre machine électrique un fort fil métallique, ou bien attachez ce fil

5.

à des cordons de soie, de la gutta-percha ou du verre, et mettez-le simplement en contact avec le conducteur. Re-

FIG. 50.

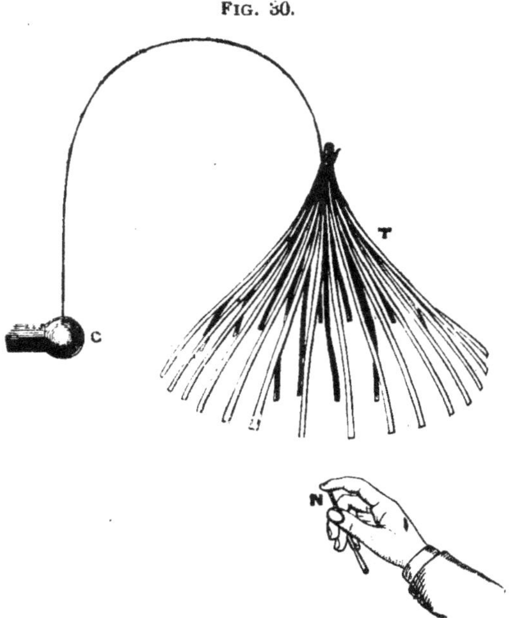

courbez l'autre extrémité de ce fil métallique en forme de crochet, et attachez-y une houppe T, composée de bandes de papier léger. En mettant la machine en mouvement, l'électricité du conducteur se répand dans la houppe, et les bandes de papier qui la composent se repoussent et diver-gent immédiatement (1); approchez de cette houppe votre

(1) En Angleterre, surtout à Londres où le climat est générale-ment humide, le papier est toujours assez bon conducteur pour que l'expérience ne manque que fort rarement. Il n'en est pas de

poing fermé : les boulettes de papier se portent vers votre poing ; approchez-en une aiguille dont vous masquez la pointe avec votre doigt, comme le montre la *fig.* 30 ; il y aura encore attraction des bandes de papier. Mais si vous découvrez la pointe de l'aiguille sans mouvoir la main, les bandes de papier reculent comme si elles étaient poussées par le vent. Si l'on tient l'aiguille au-dessous de

FIG. 31.

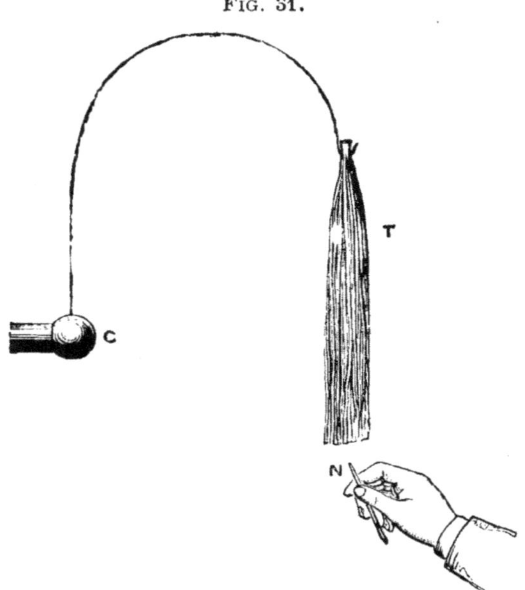

la houppe, dans la position indiquée *fig.* 31, les bandes de papier se déchargent et retombent sans diverger.

même en France où cette expérience ne réussira pas par les gran des chaleurs ou les froids très-secs, le papier étant alors trop sec pour être conducteur. (*Note du Tr.*)

Répétez maintenant l'expérience de du Fay qui a amené la découverte des deux électricités.

Excitez par frottement votre tube de verre, et tenez-le

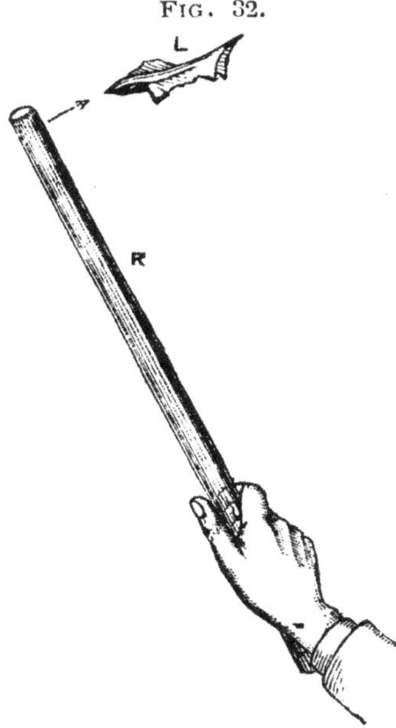

FIG. 32.

dans une position à peu près verticale, tandis qu'un assistant ou un ami laisse tomber une feuille d'or ; approchez le tube R (*fig*. 32) de la feuille d'or qui tombe, L ; celle-ci se porte vers le tube, **s'arrête brusquement**, puis s'en éloigne. Vous pouvez ainsi chasser dans l'air la feuille d'or pendant des heures sans qu'elle tombe à terre. Cette feuille a été d'abord influencée ou induite par le tube ; attirée pour un instant, elle s'est précipitée sur lui ; mais, par ses pointes, ses angles et ses bords, l'électricité négative s'est échappée, laissant finalement la feuille électrisée positivement. Électrisée de même signe que le tube, ils se repoussent naturellement, ainsi que le montre l'expérience représentée *fig*. 32. En somme, ce phénomène a la même cause que la fermeture de la **houppe** de papier représentée *fig*. 31.

Il y a aussi décharge d'électricité positive dans l'air par les portions de la feuille d'or les plus éloignées du tube, parties dans lesquelles l'électricité positive est repoussée ; ces deux décharges sont accompagnées de vent électrique. Il est possible de donner à la feuille d'or une forme telle qu'elle puisse littéralement flotter dans l'air par la réaction des deux vents produits à ses deux extrémités : c'est là l'expérience du *poisson de Franklin* qui fut, dans le principe, effectuée avec le conducteur chargé d'une machine électrique. M. Srtsczek a repris cette expérience sous une autre forme, en faisant usage, au lieu d'un conducteur de machine électrique, du bouton d'une bouteille de Leyde. Vous pouvez vous promener dans plusieurs chambres en tenant la bouteille à la main ; le *poisson* AB (*fig.* 33) la suivra fidèlement, à une distance de quelques centimètres, et des mouvements même rapides, imprimés à la bouteille, ne parviendront pas à les séparer.

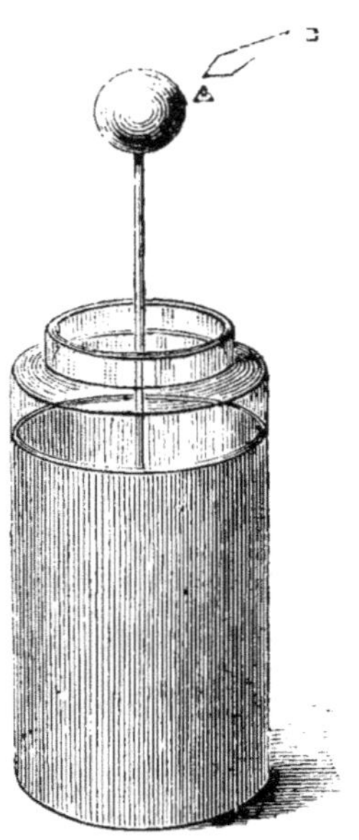

FIG. 33.

Les paratonnerres bien pointus, lorsqu'ils sont influencés par un nuage électrisé, déchargent sur ce nuage leur électricité induite ; c'est ce que Franklin avait compris avec beaucoup de clairvoyance et qu'il a démontré avec beaucoup d'habileté. La partie inférieure d'un nuage orageux, vu horizontalement, semble dé chirée, déguenillée en quelque sorte, composée en fait de fragments échelonnés les uns au-dessous des autres, semblant souvent toucher la terre. Franklin regardait ces fragments comme autant d'échelons qui jouent un rôle dans la propagation du choc produit par le nuage. Pour représenter ce phénomène par une expérience, le savant physicien prit deux ou trois flocons de coton très-léger, les disposa les uns au-dessous des autres, comme une sorte de chaîne, et suspendit le tout au conducteur de sa machine électrique. Lorsque celle-ci fut mise en fonction, les flocons se tendirent vers la terre ; mais, en plaçant une pointe aiguë au-dessous du flocon qui était le plus bas, celui-ci se releva vers celui qui était au-dessus de lui, et ce relèvement ne cessa que lorsque tous les flocons eurent regagné le conducteur même de la machine. « Les petits » nuages électrisés, dit Franklin, dont l'équilibre avec la » terre s'établit ainsi au moyen de la pointe, ne peuvent- » ils pas s'élever jusqu'au nuage principal, et par ce » moyen produire un espace libre si étendu que le nuage » principal ne puisse pas frapper à l'endroit où est le » paratonnerre ? »

§ 19. — HISTOIRE DE LA BOUTEILLE DE LEYDE. — LA BATTERIE ÉLECTRIQUE.

La découverte dont nous allons nous occuper mainte-nant laisse dans l'ombre toutes celles que nous avons étudiées jusqu'ici. Elle fut annoncée pour la première fois dans une lettre adressée le 4 novembre 1745 au Dr Lieberkühn de Berlin, par Kleist, pasteur de Cammin, en Poméranie. A l'aide d'un bouchon C (*fig.* 34), il fixa un

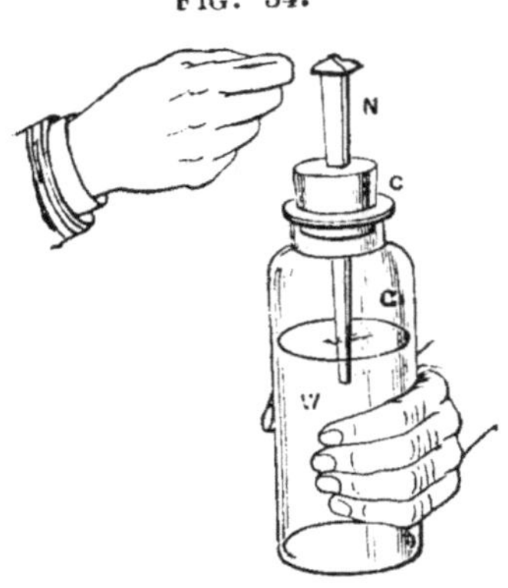

FIG. 34.

clou N dans une bouteille G, dans laquelle se trouvait un peu d'eau ou de mercure W. Après avoir électrisé le clou, il put passer d'une chambre dans une autre, sa bouteille à la main, enflammer avec elle de l'alcool. « Si, dit-il,
» pendant qu'il est électrisé, je touche le clou soit avec
» mon doigt, soit avec une pièce d'or que je tiens à la
» main, je reçois une secousse qui engourdit mes bras et
» mes épaules. »

L'année suivante, Cunæus de Leyde fit, en substance, la même découverte, qui fit beaucoup de bruit à cette époque, surtout parce que les effets en furent notablement amplifiés. Musschenbroeck ayant reçu la secousse écrivit à un de ses amis qu'il ne voudrait pas en recevoir une seconde semblable pour la couronne de France ; il se plaignait que la secousse avait produit chez lui des saignements de nez, une fièvre dévorante, et une lourdeur de tête qu'il endura pendant plusieurs jours. Boze pensa en mourir, et regretta de n'en avoir pas été victime, afin d'avoir l'honneur de figurer parmi les martyrs de la science, dans les chroniques de l'Académie des Sciences de Paris. Kleist ne donna pas une explication du phénomène, tandis que les physiciens de Leyde exposèrent clairement quelles conditions sont nécessaires pour le succès de l'expérience : c'est de là que vient le nom de *bouteille de Leyde* qui a été donné à cet appareil.

La découverte de Kleist et Cunæus excita alors l'attention universelle, et fut aussitôt l'objet de nombreuses recherches de la part des savants. En 1746, Wilson introduisit dans un flacon une certaine quantité d'eau et plongea ce flacon dans d'autre eau, de façon que le liquide, à l'intérieur et à l'extérieur, fût au même niveau. Cette bouteille ayant été chargée produisit un choc plus fort en apparence que ceux qu'on avait préalablement ressentis.

Deux années plus tard, les docteurs Watson et Bevis découvrirent que l'intensité de la charge variait en raison directe de la surface du conducteur en contact avec la surface extérieure du flacon. A l'intérieur de la bouteille ils substituèrent à l'eau du plomb de chasse, et obtinrent des résultats analogues. Le Dr Bevis colla alors des feuilles d'argent sur les deux faces d'une lame de verre, et obtint ainsi des décharges aussi fortes que celles produites par une bouteille contenant un litre d'eau. Finalement, le Dr Watson revêtit intérieurement et extérieurement sa bouteille d'une lame d'argent : c'est ainsi que la bouteille de Leyde arriva à la forme définitive qu'on lui a conservée jusqu'à nos jours.

Il est facile de reproduire l'expérience de Bevis. Prenez une lame de verre carrée, de 15 centimètres de côté ; collez sur chaque face une feuille de papier d'étain, carrée, mais de 10 centimètres de côté seulement, afin de laisser les bords du verre nus ; posez l'appareil à plat sur votre main, c'est-à-dire maintenez l'une des feuilles en communication avec la terre et mettez l'autre feuille d'étain en contact avec le conducteur de la machine électrique. Chargez l'appareil en mettant la machine en mouvement, puis déchargez-le : vous obtiendrez une brillante étincelle.

Dans notre expérience du poisson doré (*fig*. 33), nous avons fait usage d'une bouteille de Leyde de forme ordinaire, avec cette différence que, pour être à une distance suffisante du verre, et cela afin d'éviter l'attraction du poisson par la bouteille même, le bouton métallique était placé plus haut que d'habitude. Avec un verre de beau cristal, une feuille de papier à chocolat et un fort fil métallique, vous pouvez facilement construire une bouteille de Leyde (1).

(1) Pendant qu'il préparait les expériences pour ses conférences,

La *fig.* 35 représente une bouteille de Leyde ainsi constituée. T est l'armature extérieure, T′ l'armature inté-

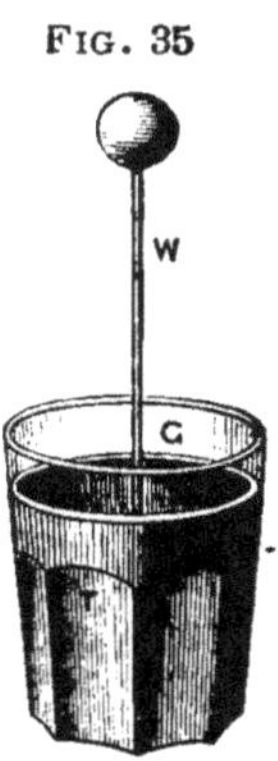

FIG. 35

rieure, qui montent toutes les deux jusqu'à 3 ou 4 centimètres au-dessous du bord du verre. W est le fil métallique, fixé dans le fond du verre à l'aide de cire, et surmonté d'un bouton qui peut être métallique, en bois ou en cire, mais dans ces deux derniers cas revêtu de papier d'étain. Pour charger la bouteille, on relie l'armature extérieure avec le sol (avec une conduite d'eau ou de gaz, par exemple), et l'on présente le bouton au conducteur de la machine ; quelques tours de celle-ci suffisent pour charger l'appareil. On le décharge en mettant l'une des branches d'un *excitateur* en contact avec l'armature extérieure et en approchant l'autre branche du bouton de l'armature intérieure ; avant qu'il y ait contact, l'électri-

l'auteur a rencontré des verres qu'il était impossible de **charger** à cause de leur mauvaise qualité. Il faut donc choisir des **verres de** très-belle qualité.

cité passe de l'excitateur au bouton sous la forme d'une étincelle.

On voit (*fig.* 36) un *excitateur* qui convient très-

FIG. 36.

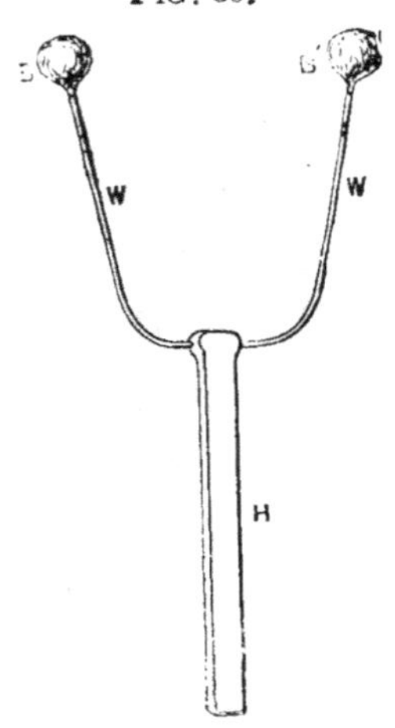

bien pour les expériences qui nous occupent en ce moment. H est un bâton de cire à cacheter ou mieux de caoutchouc durci ; WW est un gros fil métallique, auquel on donne la forme représentée dans la figure, et qui porte à ses deux extrémités des boules BB′; ces dernières peuvent être en métal, ou bien en bois ou en cire, mais il faut alors les recouvrir de papier d'étain. Le manche isolant a pour but de vous protéger contre la décharge.

Vous devez vous familiariser avec l'emploi de l'excitateur. La *fig.* 37 montre comment on en fait usage.

En augmentant la grandeur d'une bouteille de Leyde,

on la rend susceptible de recevoir une plus forte charge d'électricité; toutefois, ses dimensions ont une limite qu'il convient de ne pas dépasser. Lorsqu'on a besoin de charges qu'une seule bouteille ne peut fournir, on en

FIG. 37.

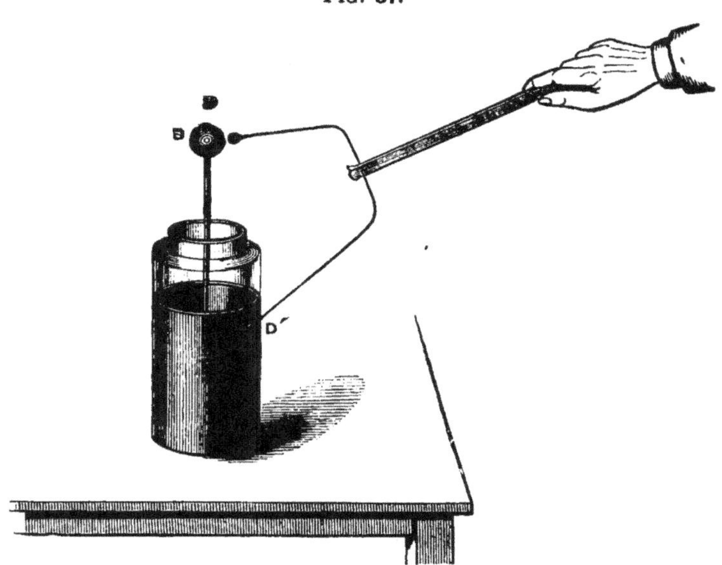

réunit un certain nombre; la *fig*. 38 montre neuf bouteilles ainsi accouplées. Toutes les armatures intérieures sont en communication les unes avec les autres au moyen de tringles en laiton, tandis que toutes les arma- tures extérieures reposent sur une même surface métal- lique en communication avec le sol.

Cette combinaison de bouteilles de Leyde constitue la *batterie de Leyde*, dont l'effet est égal à celui d'une seule des bouteilles qui la composent, mais qui aurait des dimensions neuf fois plus grandes.

FIG. 38.

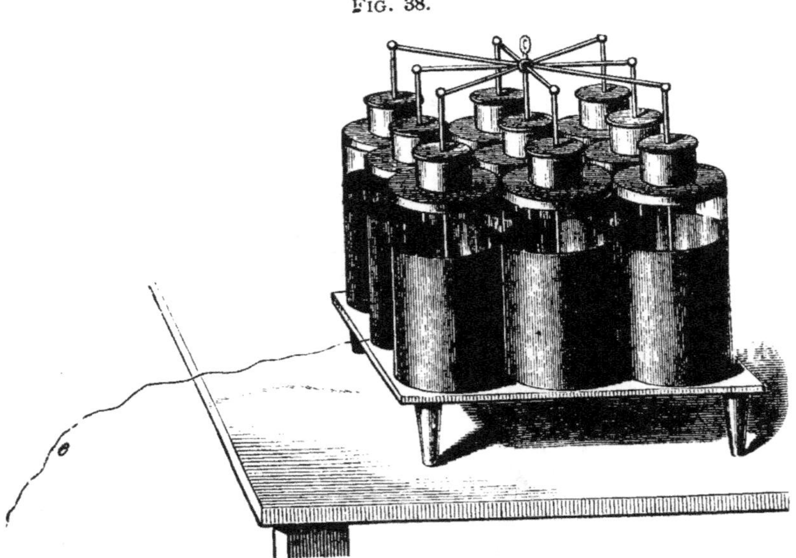

§ 20. — Théorie de la bouteille de Leyde.

Les principes de l'induction ou influence électrique, que vous connaissez si bien, vont vous permettre d'analyser et de comprendre l'action de la bouteille de Leyde. Pour la charger, l'armature extérieure est reliée avec le sol, l'armature intérieure avec la machine électrique. Supposons que celle-ci fournisse de l'électricité positive, ainsi que cela a généralement lieu pour la plupart des machines. Lorsque la machine est en action, l'électricité positive répandue à l'intérieur de la bouteille agit par induction, à travers le verre, sur l'enveloppe métallique extérieure, en attirant dans cette armature extérieure l'électricité négative et en repoussant dans le sol l'électricité positive. Il y a donc en présence, et seulement séparées par le verre, deux couches d'électricité qui s'attirent mutuellement. Lorsque la machine fonctionne bien, si le verre de la bouteille est mince, l'attraction peut devenir assez considérable pour perforer la bouteille. A l'aide de l'excitateur, les électricités contraires peuvent se recombiner sous la forme d'une étincelle.

Franklin vit et annonça avec clarté le départ de l'électricité de l'armature extérieure de la bouteille. Il déclara que, quelle que soit la quantité de feu électrique introduite dans la bouteille, une quantité égale était chassée de l'armature extérieure de cette bouteille. Nous avons à démontrer par l'expérience l'exactitude de cette assertion.

Placez votre bouteille de Leyde sur une table et reliez-en l'armature extérieure avec l'électroscope. Aucune divergence ne se produit lorsqu'on charge la bouteille.

Mais, dans ce cas, l'armature extérieure est, à travers et par la table, en communication avec le sol ; coupons cette communication avec le sol par l'interposition d'un corps isolant. Placez donc la bouteille de Leyde sur une planchette portée par quatre verres bien secs, ou bien sur une plaque de caoutchouc vulcanisé, et reliez encore l'armature extérieure à l'électroscope. Au moment même où l'électricité est communiquée au bouton de la bouteille, les feuilles d'or divergent. Enlevez, à l'aide de l'excitateur, le fil qui relie l'armature extérieure à l'électroscope, et recherchez quelle est l'électricité qui a produit la divergence; vous trouverez, comme l'indique la théorie, que c'est l'électricité positive.

Revenons maintenant à l'expérience de Kleist et Cunæus (*fig.* 34); vous en comprendrez clairement la signification. Vous verrez que dans ce cas la main jouait le rôle de l'armature extérieure de la bouteille. Lorsque l'électricité a été, par l'intermédiaire du clou, communiquée à l'eau contenue dans la bouteille, cette électricité a agi par induction et à travers le verre sur la main, attirant le fluide contraire et repoussant dans le sol le fluide de même signe.

J'insiste sur ce point qu'il importe de vérifier toutes choses, et ce que je viens d'affirmer se trouve démontré par la belle expérience suivante, qui est très-concluante. Montez sur votre tabouret isolant II′ (*fig.* 39), ou sur une feuille de gutta-percha ou de caoutchouc vulcanisé. Prenez dans votre main gauche la bouteille de Leyde primitive J (semblable à celle de la *fig.* 34), et présentez une phalange de votre main droite à la règle en équilibre LL′. Aussitôt que de l'électricité est communiquée au clou, la règle est attirée par votre phalange. Ou bien encore touchez avec la main droite votre électroscope : aussitôt

qu'on charge la bouteille, les feuilles divergent immédiatement, par l'électricité qui passe de votre main gauche
à l'électroscope.

Dans ce cas, le clou peut être électrisé par contact, soit
avec le conducteur de la machine électrique, soit avec un

Fig. 39.

tube de verre préalablement frotté. Je préfère même ce
dernier mode d'expérimentation, plus simple et plus éco-
nomique.

§ 21. — BATTERIE EN CASCADE DE FRANKLIN.

Sérieux et réfléchis comme vous l'êtes, j'aime à le croire, vous ne pouvez pas ne pas être étonnés de la facilité avec laquelle les principes de l'induction vous permettent de démêler des phénomènes aussi curieux et aussi compliqués. Grâce à ces principes, les divers faits de la science qui nous occupe forment une sorte de tout organique ; toutefois, nous n'en avons pas encore recueilli tous les fruits.

Considérons le problème suivant. Ordinairement nous laissons l'électricité de l'armature extérieure s'échapper dans le sol ; supposons que nous voulions la recueillir et

FIG. 40.

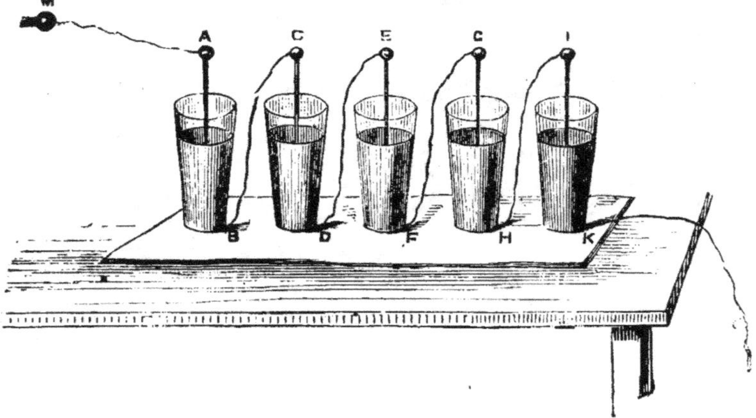

l'utiliser. Plaçons donc la bouteille ou jarre AB (*fig.* 40) sur une plaque de caoutchouc, et relions, à l'aide d'un fil métallique BC, son armature extérieure avec le bouton,

6

c'est-à-dire avec l'armature intérieure d'une seconde jarre CD. Que se produira-t-il quand on chargera la première jarre? La seconde sera chargée aussi par l'électricité qui s'est échappée de l'armature extérieure de la première jarre. Supposons que l'on relie la seconde jarre isolée avec l'armature intérieure d'une troisième EF ; que se passera-t-il? La troisième jarre sera chargée avec l'électricité repoussée de l'armature extérieure de la seconde. Rien ne nous arrête là, et nous pouvons former une longue série de jarres isolées, l'armature extérieure de chacune étant en communication avec l'armature intérieure de la suivante. Relions l'armature extérieure de la dernière jarre IK avec le sol par un fil métallique *e* et chargeons la première jarre AB ; la série sera chargée. C'est là ce qu'on appelle la charge de la *batterie en cascade* de Franklin. Il faut noter ici qu'avant de faire cette remarquable expérience on pouvait prédire ce qui devait avoir lieu. Cette possibilité de prévoir les faits constitue, sans contredit, une des prérogatives les plus caractéristiques de la science.

§ 22. — BOUTEILLES DE LEYDE SIMPLIFIÉES.

Ces principes acquis, nous pouvons réduire la bouteille de Leyde à une forme beaucoup plus simple que celles dont nous nous sommes occupés jusqu'à présent. Étendez une feuille de papier d'étain sur une table bien dressée et déposez sur cette feuille une plaque de verre ; à cette dernière vous aurez fixé, à l'aide de cire à cacheter, deux rubans de soie qui permettent de l'enlever facilement. Ensuite, placez sur cette plaque de verre une feuille de papier d'étain, plus petite que le verre, afin de laisser une certaine marge de verre tout autour d'elle. Attachez à votre électroscope un fil métallique qui aboutisse à la feuille d'étain placée *au-dessus* du verre; maintenez le contact entre cette feuille d'étain et le fil, en attachant à ce dernier une masse métallique un peu pesante.

Touchez cette masse métallique avec votre tube de verre électrisé, et ce à plusieurs reprises, jusqu'à ce que les feuilles de l'électroscope accusent une petite divergence; ou bien, si vous faites toucher le fil au conducteur de votre machine, tournez celle-ci très-doucement, jusqu'à ce qu'une petite divergence se produise. Dans quelles conditions vous trouvez-vous alors? Vous avez fourni de l'électricité, positive par exemple, à la feuille supérieure de métal. Elle agit par induction, à travers le verre, sur la feuille inférieure dont le fluide positif s'est échappé dans le sol, laissant derrière lui le fluide négatif; vous avez devant vous deux couches d'électricités contraires en présence l'une de l'autre. Prenez maintenant en main les rubans de soie, et enlevez la plaque de verre de façon à séparer la feuille métallique supérieure de l'inférieure. Que doit-il se produire? Affranchie de l'étreinte de la couche inférieure, l'électricité de la couche supérieure se répandra sur l'électroscope si promptement et avec tant

de force que, si vous n'y faites grande attention, la vio-
lente divergence des feuilles d'or en amènera la rupture.

Répétez cette expérience en élevant et abaissant le plateau
de verre, et observez l'action correspondante et rhythmique,
en quelque sorte, des feuilles d'or de l'électroscope.

On peut, dans cette expérience, faire usage d'une
feuille de métal au lieu de papier d'étain, et d'une feuille
de caoutchouc au lieu d'une plaque de verre ; on peut
aussi, et cela est plus simple, au lieu de plaques métalliques, employer une feuille de fort papier non desséché.
Effectuons ainsi l'expérience : placez sur une table un
cahier de papier ; sur ce *cahier*, posez une plaque de
verre et sur cette lame de verre une *feuille* de papier,
mais plus petite en tous sens que la lame de verre.
Reliez, à l'aide d'un fil métallique, la *feuille* de papier
à l'électroscope, comme précédemment, lorsque vous avez
fait usage de papier d'étain. En enlevant la lame de
verre avec la *feuille* de papier qu'elle supporte, les lames
d'or de l'électroscope divergent instantanément ; en abaissant le verre et le remettant sur le *cahier* de papier, les
lames de l'électroscope se referment aussitôt. Nous pouvons encore abandonner le *cahier* de papier, et utiliser la
table même comme armature extérieure ; mais il faut que
cette table ne soit pas en bois très-sec ni recouverte d'un
vernis isolant. Nous obtiendrons dans ce cas, avec la
table, les mêmes résultats qu'avec le papier d'étain, la
plaque métallique ou le cahier de papier. Tant il est

vrai qu'à l'aide des dispositifs les plus simples on peut effectuer les plus belles expériences !

Le départ de l'électricité qui quitte l'électroscope lors de l'abaissement de la plaque de verre, abaissement qui a pour but de placer l'électricité de l'armature supérieure en quelque sorte sous l'étreinte de l'électricité de l'armature inférieure, est souvent appelé *condensation*. L'une des électricités sur l'une des armatures était comme pressée ou condensée par l'attraction de l'autre électricité sur l'autre armature ; pour expliquer cette action, les constructeurs d'instruments de physique fabriquent un appareil nommé *condensateur*.

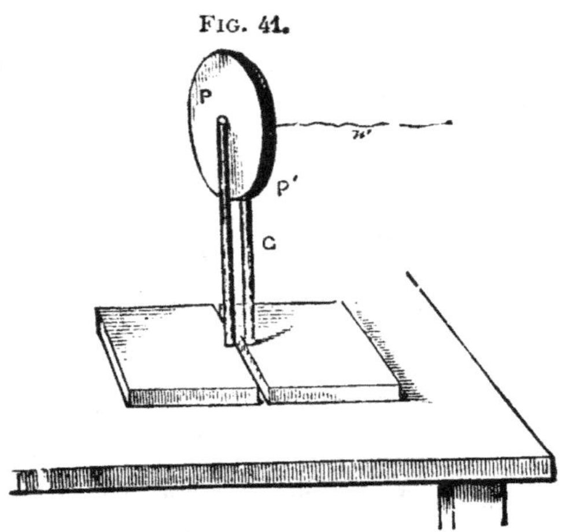

Fig. 41.

Vous pouvez facilement construire vous-même un *condensateur* pour votre propre usage. Prenez deux disques PP'(*fig.* 41), découpés dans une feuille d'étain ou de zinc ;

placez-en un P′ sur un pied en verre ou en cire à cacheter G ; l'autre disque P sur un pied en métal communiquant avec la terre. Le disque ou plateau isolé P′ est appelé *plateau collecteur ;* l'autre plateau non isolé P est le *plateau condensateur.* Reliez le *plateau collecteur* avec votre électroscope au moyen du fil métallique *w*, et rapprochez le *plateau condensateur*, en laissant, toutefois, entre les deux disques une légère couche d'air. Chargez, à l'aide d'un tube ou d'une baguette de verre frottés, le plateau collecteur P′ ou le fil *w*, jusqu'à ce que les feuilles de l'électroscope *commencent* à diverger. Enlevez le plateau condensateur, les feuilles de l'électroscope s'écartent vivement ; rapprochez-le, les feuilles retombent et se referment.

FIG. 42.

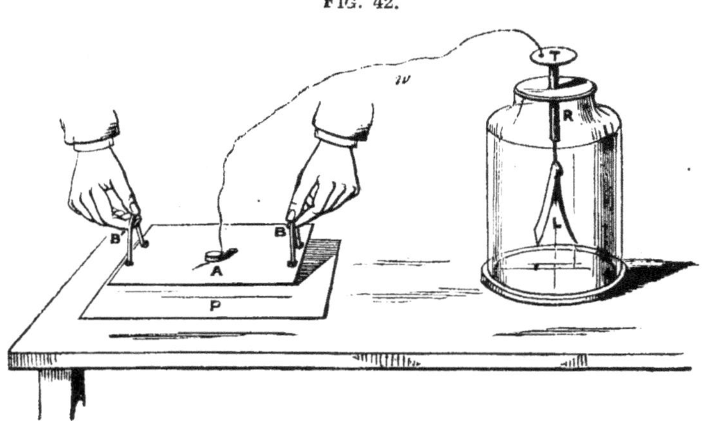

Vous pouvez changer la disposition de votre condensateur et lui donner la forme suivante. Utilisez la table, ou une feuille de papier non chauffé (si la table est vernie ou sèche et par suite constitue un isolateur), comme un des plateaux du condensateur ; placez sur elle une feuille de caoutchouc P (*fig*. 42), et sur le caoutchouc une plaque d'étain AB, qui sera reliée à l'électroscope T par un fil métallique *w*. Communiquez de l'électricité à la petite masse formant poids A, jusqu'à ce que les feuilles L *commencent* à diverger ; enlevez alors la plaque d'étain au moyen de deux rubans de soie qu'elle porte : les feuilles de l'électroscope divergeront immédiatement avec violence.

Enfin affranchissez-vous de la routine des constructeurs d'instruments, en constituant une bouteille de Leyde de la façon suivante, qui est toute nouvelle. Montez sur un tabouret isolant, c'est-à-dire sur une planchette supportée par quatre verres bien secs ; posez à plat sur votre main droite une feuille de caoutchouc sur laquelle à son tour une autre personne, non isolée, posera la main, de façon que vos deux mains soient séparées par la feuille de caoutchouc. Mettez votre main gauche sur le conducteur de la machine électrique et faites-la mettre en fonction. Vous et votre ami sentirez bientôt un craquement et un chatouillement dans les mains, dus à l'attraction, à travers le caoutchouc, des deux électricités opposées. Vous constituerez ainsi une bouteille de Leyde vivante : pour la décharger, vous n'aurez qu'à vous donner l'autre main ; vous ressentirez alors la commotion de la bouteille de Leyde, vous verrez et vous entendrez une étincelle.

Avec la décharge de la bouteille de Leyde vivante vous

pouvez enflammer de la poudre à canon; mais nous aurons occasion de revenir plus tard sur ce point (§ 25).

§ 23. — LOCALISATION DE LA CHARGE DANS LA BOUTEILLE DE LEYDE.

Franklin chercha à déterminer comment la charge était distribuée ou localisée dans la bouteille de Leyde. Il chargea d'électricité une bouteille à moitié pleine d'eau, et recouverte à l'extérieur d'une feuille d'étain; enfonçant le doigt d'une de ses mains dans l'eau, et touchant le revêtement métallique avec l'autre main, il ressentit le choc de la décharge. L'électricité résidait-elle dans l'eau ? C'est ce qu'il rechercha; mais, ayant versé le liquide dans une seconde bouteille, il constata que cette eau n'avait emporté avec elle aucune électricité.

Franklin en conclut « que le feu électrique devait ou » s'être perdu en traversant l'eau ou être resté dans la » bouteille. Il y était resté en effet; car, en remplissant » de nouvelle eau la bouteille vidée, elle donna la com-» motion; et il fut par là convaincu que le pouvoir de la » donner résidait dans le verre même (1). »

Bornons-nous à ces données historiques qu'il vous est,

(1) PRIESTLEY, *Histoire sur l'électricité*, traduction française, tome I, page 307-309, Paris, 1771. Un compte rendu des découvertes de Franklin fut donné par lui-même dans une série de lettres adressées à Pierre Collinson, membre de la Société Royale de Londres, lettres écrites de 1747 à 1754.

du reste, loisible de vérifier, en répétant les expériences de Franklin. Mettez de l'eau dans un verre un peu large ; placez dans ce liquide un second verre, et mettez-y de l'eau jusqu'à ce qu'elle atteigne le même niveau dans les deux verres. Reliez l'eau du plus grand verre avec le sol au moyen d'un fil métallique, et l'eau du petit verre avec la machine électrique au moyen d'un fil semblable ; un ou deux tours de la machine seront suffisants pour charger l'appareil. Enlevez le fil intérieur ; en plongeant un doigt dans le liquide du grand verre et un autre dans le liquide du petit, vous ressentirez une secousse : telle est la première expérience de Franklin.

Procédons maintenant à la seconde expérience. Collez à l'extérieur d'un verre une feuille de papier d'étain, en ayant soin que cette feuille ne s'élève pas trop haut ; remplissez d'eau ce verre jusqu'au niveau de la feuille métallique, et placez-le sur une feuille de caoutchouc. Chargez l'appareil ainsi constitué en le tenant à la main (de façon que l'armature extérieure soit en communication avec la terre) et en mettant l'eau en communication avec la machine électrique au moyen d'une tige métallique que vous avez eu soin de fixer, à l'aide de cire à cacheter, à l'intérieur du verre. Si, en déchargeant l'appareil, vous obtenez une brillante étincelle, c'est qu'il est bien établi et en état de fonctionner. Rechargez l'appareil ; prenez la bouteille en la tenant avec la feuille de caoutchouc, et versez-en l'eau dans une autre bouteille semblable : aucune charge sensible n'a été communiquée à cette dernière. Versez dans la première bouteille de l'eau fraîche non électrisée, et déchargez-la : vous verrez que la bouteille même avait conservé sa charge, puisqu'il se produit dans ce cas une vive étincelle. Notons ici qu'il faut apporter un grand soin lorsqu'on effectue cette expérience, sous peine de ne pas la réussir ; ainsi le bord du verre dont on vide l'eau doit être entouré d'une bande de papier buvard pour absorber la dernière goutte de liquide, laquelle, en coulant le long de la paroi extérieure, permettrait à la bouteille de se décharger.

On reproduit actuellement les expériences de Franklin en employant une bouteille de Leyde dont les éléments sont mobiles ; on peut ainsi enlever l'armature intérieure, et démontrer qu'une fois enlevée elle n'est pas électrisée ; on peut aussi séparer le verre de l'armature extérieure et montrer ainsi que cette dernière n'est, de même, pas électrisée. En reconstituant la bouteille, et en reliant alors les deux armatures au moyen de l'excitateur, la décharge se révèle par une brillante étincelle.

FIG. 43.

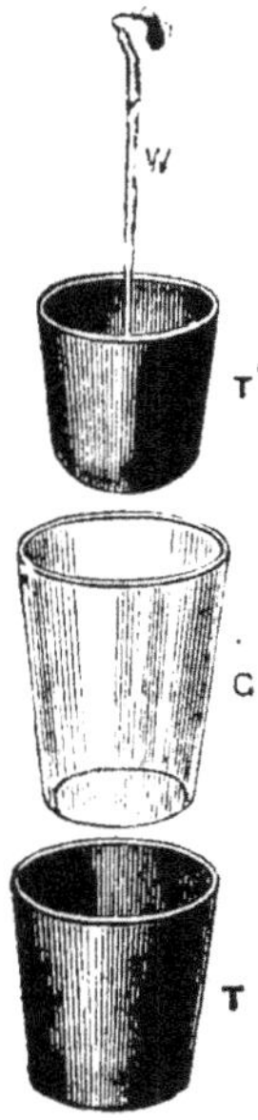

On peut disposer une bouteille de Leyde à armatures mobiles de la façon suivante. On roule une cartouche de papier autour d'un grand verre de beau cristal G (*fig.* 43), en la limitant comme hauteur à environ 5 centimètres du bord supérieur du verre ; ce rouleau de papier T est ensuite recouvert de papier d'étain, tant à l'intérieur qu'à l'extérieur. On construit un rouleau semblable T′ pour l'intérieur du verre, et à ce second rouleau on fixe un fil métallique W de fort diamètre, recourbé en crochet à son extrémité. Ainsi se trouve complétement constituée la bouteille de Leyde à armatures mobiles. Mettez les unes dans les autres les différentes pièces qui la composent, et chargez-la ; à l'aide d'un bâton de verre, de cire à cacheter, de caoutchouc ou d'un corps isolant quelconque, enlevez, par son crochet, l'armature intérieure ; celle-ci emportera avec elle une petite quantité d'électricité. Placez-la sur la table et déchargez-la complétement. Enlevez ensuite le verre avec la main, de façon à laisser sur la table l'armature extérieure. Aucune des deux armatures ne révélera la moindre trace d'électricité. Reconstituez la bouteille dans son état primitif en ayant soin de ne prendre l'armature intérieure qu'avec une baguette isolante, passée dans le crochet métallique. En déchargeant la bouteille ainsi reconstituée, vous obtiendrez une étincelle ; l'électricité qui produit cette étincelle résidait donc et était localisée sur les deux parois du verre.

Ici comme dans tous les autres cas, vous pouvez charger la bouteille avec un tube de verre frotté ; mais il est bon de dire qu'une machine électrique fonctionnant bien la chargera bien plus rapidement ; toutefois, avec le frotteur Cottrell, que nous allons décrire immédiatement, un simple tube de verre vous donnera des résultats bien suffisants.

§ 24. — INFLAMMATION PAR L'ÉTINCELLE ÉLECTRIQUE. — FROTTEUR DE COTTRELL. — MACHINE ÉLECTRIQUE A TUBE.

L'abbé Nollet et d'autres physiciens firent des tentatives nombreuses pour allumer, à l'aide de l'étincelle électrique, des substances inflammables, mais leurs tentatives furent vaines et sans succès. Ce fut Ludolf qui y parvint, le 23 janvier 1744, lors de l'inauguration de l'Académie des Sciences de Berlin par Frédéric le Grand. Avec une étincelle tirée de l'épée d'un des courtisans qui étaient présents à ce moment, Ludolf réussit à enflammer de l'éther sulfurique.

Le Dr Watson se livra aussi à nombre d'expériences sur l'allumage des corps par l'étincelle électrique : il enflamma de la poudre et mit en feu des pièces d'artillerie ; ayant fait tenir par une personne électrisée une cuiller pleine d'éther, il fit enflammer cet éther par l'approche du doigt d'une autre personne non électrisée. Il remarqua aussi que la couleur de l'étincelle varie suivant les substances entre lesquelles elle se produit.

Toutes les expériences dont nous avons parlé jusqu'ici peuvent être effectuées avec une *machine* beaucoup plus simple que celles dont je vous ai entretenu, machine qui a été construite spécialement pour ces Leçons par M. Cottrell. Nous avons vu que, dans la machine électrique, le conducteur reste chargé d'électricité positive par le fait de la décharge de l'électricité négative, par l'entremise des pointes, sur la surface du verre excité par frottement ; or pareille chose peut se produire avec le tube de verre et votre frotteur. Une bande de feuille de cuivre P (*fig*. 44) est cousue au bord du coussin de

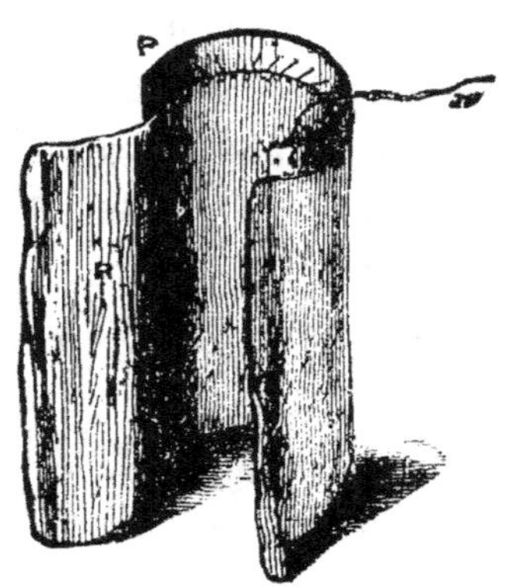

soie R, qui fait fonction de frotteur ; dans cette feuille de cuivre, on a percé une vingtaine de trous dans lesquels on a introduit et soudé des pointes d'épingles ; lorsque le tube est embrassé par le frotteur, la bande métallique et les pointes l'entourent complétement.

Lorsqu'un fil métallique *w* relie la feuille de métal P au bouton d'une bouteille de Leyde, à chaque frottement dans un même sens du frotteur, le tube de verre est fortement excité, ainsi que le système métallique ; ses poin-

tes déchargent sur le tube de verre de l'électricité négative, et l'électricité positive se rend par le fil métallique w
à la bouteille de Leyde qu'elle charge rapidement.

On peut, à l'aide du *frotteur de Cottrell,* enflammer
facilement le gaz de l'éclairage. En reliant, par un fil métallique e, la bande de métal R du frotteur (*fig.* 45) avec un

FIG. 45.

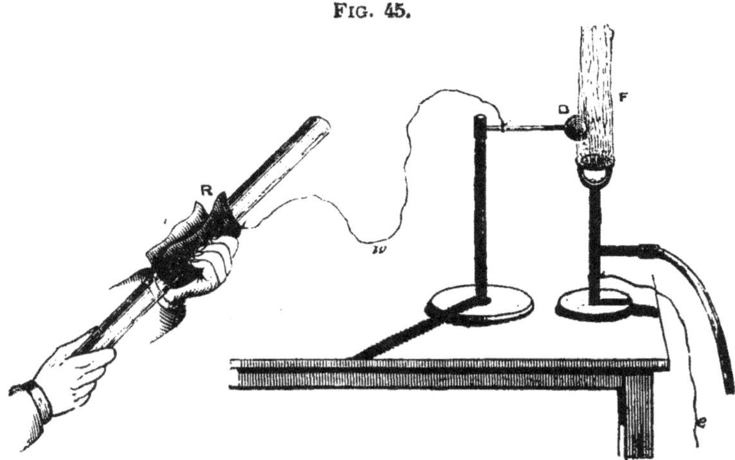

bouton métallique isolé B, placé à 4 ou 5 millimètres d'un
bec de gaz métallique en bonne communication avec la
terre, à chaque frottement du tube dans un même sens,
un courant d'étincelles passe entre le bouton B et le bec
de gaz ; si le robinet du bec est ouvert, le gaz est immédiatement allumé par ce courant d'étincelles. En éteignant
la flamme et en répétant l'expérience, on voit qu'un seul
frottement du tube suffit pour allumer le gaz.

L'éther sulfurique placé dans une cuiller préalablement

un peu chauffée s'allume semblablement ; toutefois, par suite de l'évaporation, l'éther se refroidit très-rapidement, sa vapeur diminue et il devient moins facile à allumer. On peut, comme l'a conseillé le Dr Debus, substituer à l'éther le sulfure de carbone, et alors on est sûr de l'inflammation à chaque coup du frotteur. L'étincelle ainsi produite enflamme aussi un mélange d'hydrogène et d'oxygène ; les deux gaz se combinent alors avec détonation pour former de l'eau.

M. Cottrell a aussi disposé son frotteur de façon à pouvoir utiliser le frottement dans les deux sens ; la

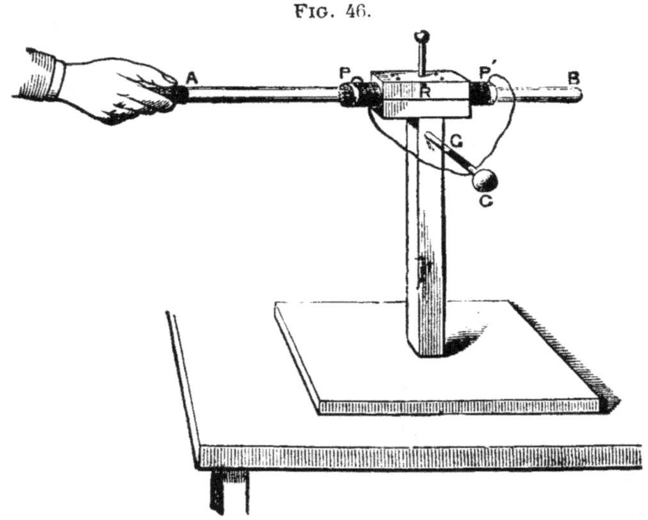

FIG. 46.

machine à tube est représentée *fig.* 46. AB est le tube de verre embrassé par le frotteur R ; P, P′ sont deux bandes de métal pourvues de rangées de pointes. De P et P′ partent des fils métalliques qui aboutissent au bouton métallique C, lequel est isolé sur une baguette de verre G (cette dernière baguette de verre pourra être supprimée avec avantage si les fils métalliques sont assez forts pour supporter le bouton métallique C). En C, on peut produire des étincelles, charger une bouteille de Leyde, mettre en mouvement le tourniquet électrique, attacher des fils métalliques pour produire des inflammations. Je recommande cependant d'une façon toute particulière le simple frotteur représenté *fig. 44*.

« Rarement, dit Riess, une expérience a autant contri-
» bué au progrès d'une science que celle de l'inflamma-
» tion des corps par l'étincelle électrique » ; elle excita en effet l'attention universelle, et il n'y a pas de palais de souverain où elle n'ait été répétée ; des encouragements pécuniaires furent donnés pour poursuivre ce genre de recherches, et les expériences furent reproduites même dans le peuple. D'après Riess, on était encore sous l'impression de l'intérêt qu'avait inspiré cette découverte lorsque parut la bouteille de Leyde.

Klingenstierna excita l'étonnement du roi de Suède Frédéric en enflammant de l'alcool dans une cuiller, au moyen d'un morceau de glace. Avec le frotteur de Cottrell, on peut très-facilement reproduire cette expérience et enflammer du sulfure de carbone ; il y a grand intérêt à la répéter à plusieurs reprises : à chaque coup du frotteur, l'étincelle éclatant à l'extrémité d'une aiguille de glace enflamme, à coup sûr, le sulfure de carbone.

En 1785, Cadogan Morgan produisit l'étincelle électrique à l'intérieur des corps solides. Il inséra deux fils de métal dans du bois, et fit éclater une étincelle entre ces deux fils. Le bois fut éclairé par transparence d'une lueur couleur rouge de sang ou jaune, suivant la plus ou moins grande profondeur à laquelle se produisit la décharge. L'étincelle provenant d'une bouteille de Leyde, produite à l'intérieur d'une bille d'ivoire, d'une orange, d'une pomme, illumine aussi ces corps par transparence. Un citron convient particulièrement bien pour cette expérience : à chaque étincelle, la lueur apparaît sous la forme d'un sphéroïde brillant de lumière dorée.

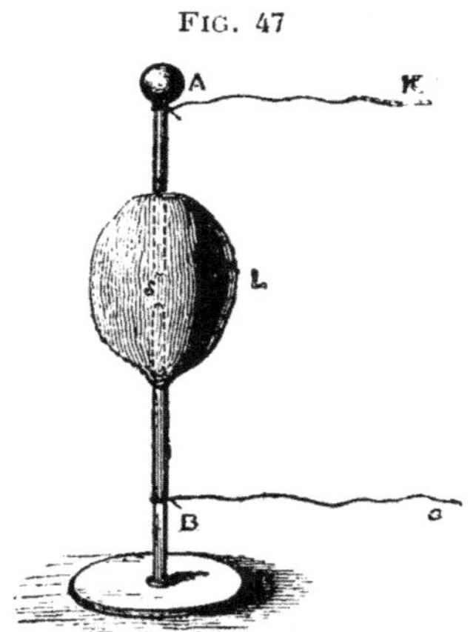

FIG. 47

On voit, dans la *fig*. 47, comment on monte le citron sur une baguette de laiton R. L'étincelle se produit en *s*, dans l'intervalle laissé entre les pièces métalliques A et B. Une rangée d'œufs, placés dans un cylindre en verre, est aussi brillamment illuminée au passage de chaque étincelle émanant d'une bouteille de Leyde.

§ 25. — DURÉE DE L'ÉTINCELLE ÉLECTRIQUE.

La durée de l'étincelle électrique est très-courte ; dans un cas particulier, Sir Charles Wheatstone a trouvé qu'elle était égale à $\frac{1}{24000}$ de seconde, mais ce chiffre est celui d'une durée maxima, car, dans d'autres cas, cette durée est moindre qu'un millionième de seconde (1).

Lorsqu'un corps est illuminé pendant un instant très-court, l'image lumineuse de ce corps persiste sur la rétine de l'œil pendant environ $\frac{1}{5}$ de seconde. Par conséquent, si un corps animé d'un mouvement rapide est éclairé par un jet de lumière *instantané*, ce corps semblera, pendant $\frac{1}{5}$ de seconde, immobile au point où il aura été frappé par le jet de lumière. Une balle de fusil cheminant dans

(1) Les recherches les plus complètes qui aient été faites sur la durée de l'étincelle électrique ont été poussées jusqu'à un degré de précision véritablement inouï ; elles sont dues à deux physiciens français, MM. Félix Lucas et Cazin qui ont vérifié expérimentalement des lois qu'ils avaient trouvées à l'aide de considérations d'ordre purement mathématique. Ces deux savants ont imaginé à cet effet un appareil aussi nouveau que remarquable, permettant de mesurer avec exactitude le dix-millionième de seconde, appareil dont la description se trouve dans leur intéressant Mémoire, inséré aux *Annales de Chimie et de Physique*, 4ᵉ série, t. XXVI, p. 477 (*Note du Tr.*)

l'air et illuminée par une étincelle électrique paraîtrait ainsi
dépourvue de mouvement ; un disque semblable à DD′,
(*fig.* 48) divisé en secteurs alternativement blancs et noirs

Fig. 48.

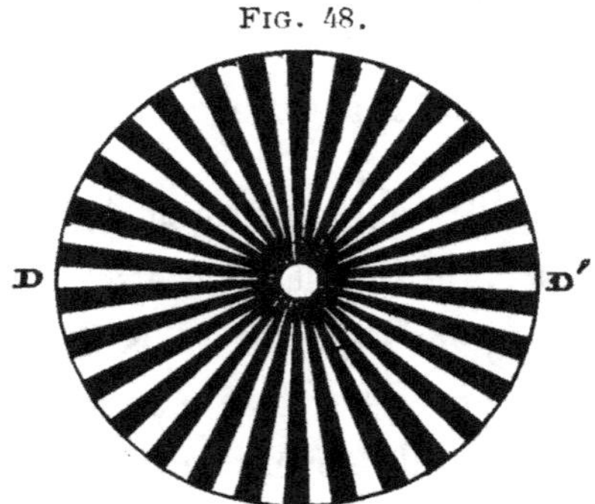

et animé d'un mouvement de rotation si rapide qu'il
présente une teinte grise uniforme, semble, lorsqu'il est
éclairé par l'étincelle d'une bouteille de Leyde, absolument immobile, et l'on distingue nettement les secteurs
noirs et blancs. Un filet d'eau tombant de quelque hauteur, et qui semble être continu, est décomposé, par l'étincelle électrique, en une multitude de gouttelettes. Le professeur Dove a démontré que les décharges de la foudre
sont tout aussi rapides.

Pendant fort longtemps, on a cru qu'il était impossible
d'enflammer de la poudre à canon à l'aide de l'étincelle
électrique ; sa durée est si courte que, lorsque la décharge
se produisait au milieu de la poudre, celle-ci était simplement violemment dispersée. En 1787, Wolff intercala
dans le circuit où passait la décharge un tube de verre

humecté à l'intérieur ; il rendit ainsi l'inflammation certaine, l'étincelle ayant été retardée par l'interposition de
ce conducteur imparfait. Le fulmicoton, le phosphore,
l'amadou, qui ne peuvent être allumés par la décharge
directe, sont enflammés lorsque la décharge est retardée en
passant par un tube d'eau. Lorsqu'on veut enflammer de
la poudre à canon, on fait généralement usage d'une corde
mouillée pour retarder la décharge. L'instrument ordinairement employé pour cet allumage de poudre est *l'ex-*

FIG. 49.

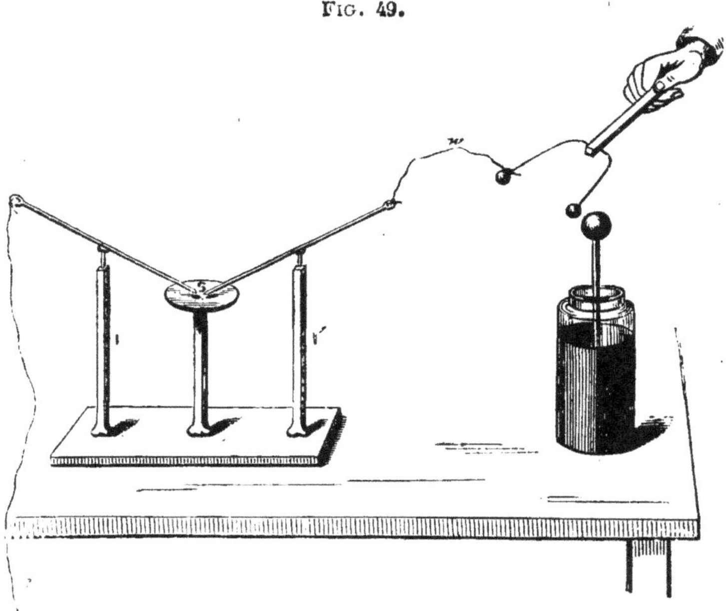

citateur universel, dont voici la description : I et I′
(*fig.* 49) sont deux baguettes isolantes, en verre ou en

cire à cacheter, qui supportent deux bras de métal dont
les extrémités peuvent se rejoindre au-dessus d'une petite
tablette centrale S. Un des bras métalliques de l'excitateur étant, par un fil métallique E, mis en communication
avec le sol, les extrémités des deux bras sont entourées
de poudre en S. Si l'on fait passer la décharge sans la retarder, la poudre est dispersée mécaniquement ; mais si l'on
introduit dans le circuit une corde mouillée w, l'inflammation se produit infailliblement lorsque éclate l'étincelle.

Je dois ici accomplir la promesse que je vous ai faite

Fig. 50.

d'enflammer la poudre au moyen de la *bouteille de Leyde
vivante*, et la *fig.* 50 montre la disposition de l'expé-

7.

rience : **H** et **H'** sont les mains de la personne isolée, **F** la main de la personne non isolée, **I** la feuille de caoutchouc qui sépare leurs mains. Une balle de plomb **B** est suspendue par une corde mouillée. Sur un petit plateau **P**, en communication avec le sol, on place la poudre. Nous avons vu, au § 22, comment on charge un semblable condensateur ; une fois chargé, il suffit de laisser descendre la balle **B** tout près de la poudre pour la voir s'enflammer.

§ 26. — LUMIÈRE ÉLECTRIQUE DANS LE VIDE.

La lumière électrique dans le vide fut observée pour la première fois en 1675 par Picard qui, transportant un baromètre de l'Observatoire à la porte Saint-Michel, à Paris, remarqua une clarté dans la partie supérieure du tube barométrique. Le même fait fut observé peu après dans d'autres baromètres par Sébastien et Cassini. Jean Bernoulli crut à l'existence d'un *phosphore mercuriel*, en agitant du mercure dans un tube où il avait fait le vide à l'aide de la machine pneumatique. Il en fit hommage au roi de Prusse Frédéric Ier, qui lui donna, à ce propos, une médaille en or d'une valeur de quarante ducats ; c'est à cette occasion que le célèbre mathématicien composa un poëme resté célèbre.

Bernoulli ne put donner une explication de ce fait ; cela était réservé à Hauksbee qui, en 1705, reprit le sujet et fit à cette occasion des expériences devant la Société

Royale de Londres. Sur le plateau d'une machine pneumatique il plaça deux cloches, l'une au-dessus de l'autre ; la plus grande portait au sommet une tubulure munie d'un entonnoir ; Hauksbee boucha la tubulure avec un tampon de bois, et remplit l'entonnoir de mercure. Il fit et maintint le vide entre les deux cloches pendant qu'il laissait couler le mercure sur la surface extérieure de la petite cloche ; il obtint ainsi une longue traînée de feu. C'est une fort belle expérience, mais malheureusement il faut être très-près de l'appareil pour en voir nettement les effets.

La *fig.* 51 est une copie du dessin qui représenta alors l'expérience d'Hauksbee : M est le récipient contenant le mercure, P le bouchon de bois, S la cloche extérieure, S′ la cloche intérieure. Au lieu du bouchon P, on peut faire usage d'un tube de caoutchouc pour relier le réservoir de mercure à la cloche dans laquelle on a fait le vide. Ce tube de caoutchouc porte une pince, qu'on lâche progressivement afin de laisser couler le mercure assez lentement pour obtenir le plus grand effet lumineux possible. Les traînées lumineuses sont très-belles, et moins intermittentes que le croyait Hauksbee.

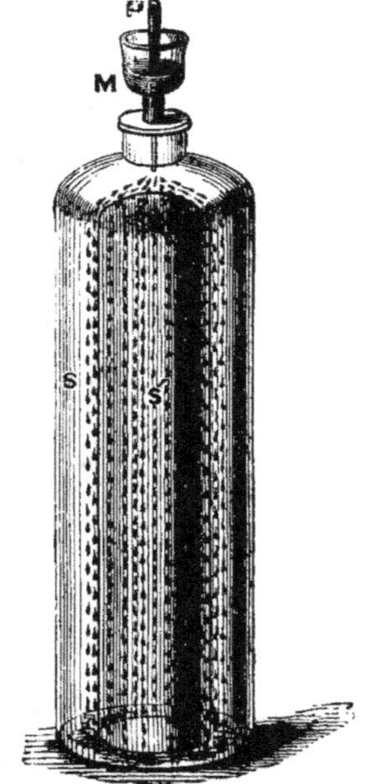

FIG. 51.

En 1706, Hauksbee rapporta le phénomène à sa véritable cause, qui n'est autre que le frottement entre le mercure et le verre dans un air très-raréfié. Jean Bernoulli tourna en ridicule l'explication donnée par Hauksbee; mais le ridicule engendre souvent la vérité, et tout le monde admet maintenant l'explication du célèbre physicien anglais.

Hauksbee fit aussi l'expérience suivante, qui, comme l'a démontré Riess, doit être expliquée à l'aide des principes de l'induction : un globe de verre fut monté sur un axe de façon à pouvoir recevoir un mouvement de rotation très-rapide. On fit le vide dans ce globe, et on le fit tourner dans l'obscurité en appliquant la main sur lui de façon à exercer un frottement. Ce frottement l'électrisa positivement; et cette électricité positive, agissant par induction sur le verre lui-même, attira son électricité négative, mais déchargea son électricité positive dans l'air raréfié contenu dans le globe, et cela sous la forme lumineuse. La lumière ainsi produite fut assez intense pour permettre la lecture à la clarté qu'elle répandait.

Les expériences qui précèdent ont démontré que l'air raréfié favorise le passage de l'électricité. L'air sec, en fait, constitue un isolateur qui doit être traversé pour qu'il y ait production d'étincelle. Aussi la décharge passe librement dans un tube de verre de 2 mètres de long, pourvu qu'on y ait raréfié l'air, tandis que la même décharge ne peut, à l'air libre, traverser la cinquantième partie de cette longueur. Tandis que dans l'air l'étincelle est brillante et compacte en quelque sorte, la décharge dans le vide remplit le tube où l'air a été raréfié d'une lueur diffuse.

(Il n'est pas inutile de faire remarquer ici que, dès les premiers temps de cette découverte, un Polonais, Grummert, proposa d'utiliser cette lumière électrique diffuse pour éclairer l'intérieur des mines de houille, idée qui a été reprise de nos jours. En effet, la lumière, sous cette forme, n'est pas capable d'enflammer les gaz explosifs qui se dégagent spontanément dans les mines, et produisent des désastres si terribles.)

Priestley, dans son *Histoire de l'électricité*, décrit ainsi la lumière électrique dans le vide : « Prenez un tube
» de verre un peu long et très-sec ; au sommet de ce
» tube, fixez à l'aide de mastic un fil métallique pas
» trop pointu. Faites le vide dans ce tube et approchez le
» fil métallique du conducteur de la machine électrique :
» chaque étincelle passera à travers le vide sous la forme
» de larges courants lumineux, visibles sur toute la lon-
» gueur du tube, quelque long qu'il soit. Ces courants
» se subdivisent souvent en plusieurs filets lumineux
» d'une grande beauté, qui changent souvent de direc-
» tion, se joignant et se séparant de nouveau sous les
» formes les plus variées. Si l'on fait passer dans le vide
» la décharge d'une bouteille de Leyde, cette décharge

» se manifeste sous l'apparence d'une masse de feu
» descendant dans l'axe du tube vide, sans jamais en
» toucher les parois. »

Cavendish, pour montrer le passage de l'électricité dans
le vide, fit usage d'un tube barométrique double, auquel
il donna la forme d'un fer à cheval, et dont la partie
courbe formait la chambre barométrique vide d'air. En
réalité, ce n'est pas le vide qui conduit l'électricité, mais
bien l'air raréfié à un haut degré et la vapeur mercurielle qui se trouvent dans la chambre au-dessus de la
colonne barométrique. Lorsque le mercure dont on fait
usage est complétement purgé d'air et d'humidité par une
ébullition préalable, l'espace vide au-dessus du mercure
n'est pas propre à conduire l'électricité, ainsi que l'ont
démontré Walsh, de Luc, Morgan et Davy. Des expériences semblables ont été effectuées dans le laboratoire
de M. Gassiott, à qui l'on doit de fort beaux travaux
sur ce sujet. Le professeur Dewar a aussi fait sur ce
sujet des recherches intéressantes, qui ont été couronnées
de succès.

Toutefois, l'électricité ne passe pas dans le vide
absolu : elle a besoin, pour se propager, d'une matière
pondérable. Un électroscope à feuille d'or, maintenu à
une certaine distance de tout corps conducteur, conser-
vera sa charge presque indéfiniment s'il est placé dans
le vide produit par une bonne machine pneumatique.

La matière rendue lumineuse par la décharge élec-

trique est susceptible d'être attirée et repoussée comme tout autre corps électrisé. « Un doigt, dit Priestley, tou-
» chant l'extérieur du verre dans lequel se produit l'effet
» lumineux, conduira la bande lumineuse dans n'importe
» quelle direction. Si l'on embrasse avec les deux mains
» le tube vide d'air dans lequel passe la décharge, on
» ressent chaque étincelle comme les pulsations d'une
» grosse artère, et tous les effets lumineux se localisent
» en face des mains. On ressent, du reste, cette pulsation
» à quelque distance du tube ; et, si l'on est dans l'obs-
» curité, une lueur apparaît entre les mains et le
» verre. »

« Tout ceci, continue l'historien de l'Électricité, a lieu
» lorsque le fil métallique pointu qui se trouve au som-
» met du tube vide d'air est électrisé positivement ;
» mais, s'il est électrisé négativement, l'effet produit est
» entièrement différent. Au lieu de courants de feu, on
» voit simplement une nappe lumineuse, ressemblant à
» un nuage blanc ou à la voie lactée par une nuit très-
» claire. Rarement elle apparaît sur toute la longueur
» du tube, mais elle se présente seulement le plus sou-
» vent sous la forme d'une boule lumineuse au sommet
» du tube. »

De ces deux aspects que présente la décharge dans le vide, celui-là est appelé *aigrette électrique*, l'autre *feu électrique*. Tous les deux peuvent se produire aussi à l'air libre. Le *feu électrique* apparaît souvent sur les mâts des navires, et les anciens l'ont souvent aperçu sur les pointes des lames. On l'appelle dans la marine *feu Saint-Elme*, du nom du saint des marins, qui souffrit le martyre à Gaëte au commencement du IVe siècle.

La couleur pourpre de la lumière diffuse produite dans l'air raréfié fut la première fois signalée par Hauksbee. La couleur dépend du résidu de gaz ou de la vapeur raréfiée dans lesquels passe la décharge. Si c'est un résidu d'oxygène, la couleur est blanchâtre; si c'est un résidu d'hydrogène, la couleur est rouge; avec l'azote, elle est pourpre, exactement semblable à la lueur des aurores boréales; cette dernière est, sans nul doute, due à des décharges d'électricité atmosphérique à travers l'azote de l'air à un haut degré de raréfaction, dans les régions élevées de l'atmosphère.

On produit facilement la lumière électrique dans le vide en frictionnant, avec un frotteur couvert d'amalgame, l'extérieur d'un tube dans lequel on a fait le vide. La lumière peut aussi être produite par le frottement du mercure dans le vide barométrique, frottement que l'on obtient en agitant convenablement un baromètre. Les décharges à travers des tubes longs de plusieurs pieds, dans lesquels on a fait le vide à l'aide de la machine pneumatique, sont d'un très-bel effet. Le double tube barométrique de Cavendish présente aussi un splendide effet de lumière lorsqu'on le fait traverser par une forte décharge

électrique. La *fig*. 52 montre la disposition de l'expé-
ience : P est le conducteur de la machine électrique ; I une

FIG. 52.

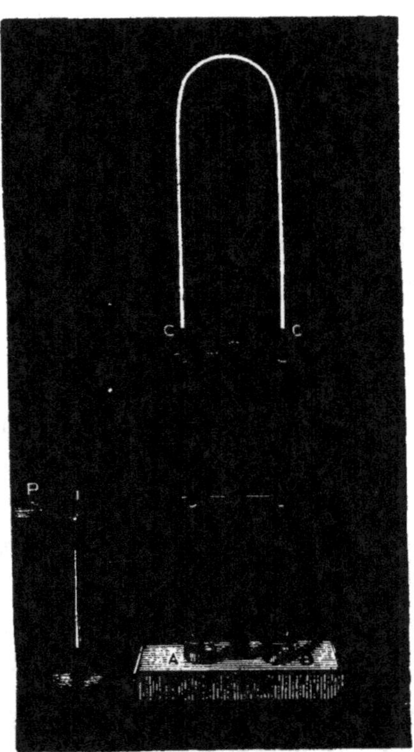

sphère métallique isolée, communiquant, à l'aide d'un fil
métallique, avec le mercure du godet A ; le godet B est
relié de même par un fil métallique avec la terre ; la hauteur de la colonne mercurielle est déterminée par la ligne
de niveau CC'. Lorsqu'on fait fonctionner la machine,

des étincelles éclatent entre P et I, et à chaque étincelle l'espace vide compris entre C et C′ est illuminé d'un long trait de feu. Si l'on rapproche I de P, les décharges deviennent plus fréquentes, mais plus faibles ; si, au contraire, on augmente la distance PI, les étincelles deviennent plus rares, mais aussi plus intenses ; dans ce cas, chaque étincelle produit un arc d'une lumière tout à fait éblouissante (1).

On trouve chez tous les marchands d'appareils électriques des tubes spéciaux pour ce genre d'expériences et connus sous le nom de *tubes de Geissler*.

§ 27. — Figures de Lichtenberg.

Lichtenberg a imaginé un procédé pour reconnaître les conditions d'une surface électrisée en la couvrant de poudres. Le minium pulvérisé, tamisé à travers de la mousseline, s'électrise positivement et la fleur de soufre négativement. Si l'on frotte avec une peau de chat un gâteau de résine, et si l'on promène sur ce gâteau le bouton d'une bouteille de Leyde chargée d'électricité positive, le gâteau de résine devient positif en certaines parties et négatif en d'autres. En lançant, à l'aide d'un soufflet, un

---

(1) Il est bon que l'intervalle PI soit situé à quelque distance du tube, afin que la lumière propre de l'étincelle, éclatant en PI, ne se confonde pas avec l'effet de la décharge dans le tube barométrique.

mélange de minium et de fleur de soufre sur la surface
du gâteau de résine, ces poudres, qui se sont électrisées
par leurs frottements réciproques, se portent, le minium
sur les parties négatives, et le soufre sur les parties positives du gâteau ; il en résulte un dessin du plus bel effet.

Cette expérience de Lichtenberg a donné à Chladni l'idée
de faire par ce procédé des recherches d'acoustique fort
importantes, et les *figures de Chladni* constituent en
quelque sorte la descendance des *figures de Lichtenberg*.

§ 28. — RELATION ENTRE LA SURFACE ET LA MASSE. DISTRIBUTION DE L'ÉLECTRICITÉ DANS UN CONDUCTEUR CREUX.

Monnier a démontré que la charge d'un conducteur
dépend de sa surface et non de son cube absolu. Une
enclume pesant 100 kilogrammes fournit une étincelle
moindre qu'une trompette pesant 400 ou 500 grammes.
Une balle de plomb pleine fournit une étincelle de la même
force qu'un fragment de feuille de plomb mince présentant
la même surface, et auquel on a donné la forme d'un
anneau. Enfin Monnier obtint une forte étincelle d'une
longue bande découpée dans une feuille de plomb, tandis
que cette étincelle était très-petite lorsque cette bande
métallique était enroulée de façon à former une sorte de
pelote.

Le Roy et d'Arcy démontrèrent qu'une sphère creuse
est susceptible de recevoir la même charge quand elle est

vide ou quand elle est remplie de mercure, bien que dans ce dernier cas elle pèse soixante fois plus. On en conclut que le rôle de la *surface* est entièrement différent de celui de la masse.

On se rend compte de la distribution de l'électricité à l'aide de corps creux : en touchant avec le plan d'épreuve (*fig.* 15) successivement différents points à l'intérieur d'un vase métallique isolé et vide, on ne trouve, en présentant ce plan d'épreuve à l'électroscope, aucune trace d'électricité, tandis que la surface extérieure est électrisée. Un chapeau de feutre, suspendu par des cordons de soie, peut également servir à faire cette expérience, qui est fort instructive et peut être reproduite en chargeant le chapeau à l'aide du *frotteur de Cottrell* ou simplement d'un tube de verre frotté.

On doit remarquer, en faisant cette expérience, que l'on recueille des charges plus fortes lorsqu'on touche, avec le plan d'épreuve, les bords du chapeau que lorsqu'on en touche la surface plane. Le maximum de charge réside donc sur les bords du chapeau.

Des charges successives peuvent être communiquées au chapeau au moyen d'une boule métallique suspendue par un cordon de soie ; mais cette boule chargée, lorsqu'elle touche la surface inférieure du chapeau, perd complétement sa charge.

Franklin plaçait une longue chaîne métallique dans une théière d'argent qu'il électrisait ; la théière étant reliée à un électroscope, celui-ci divergeait. Mais en retirant, à l'aide d'un cordon de soie, la chaîne de la théière, il trouva que l'électricité se répandait sur la longueur de la chaîne extérieure à la théière, ce qui avait pour effet de diminuer la quantité d'électricité répartie sur l'électroscope, d'où résultait une diminution dans la divergence des feuilles d'or.

FIG. 53.

On voit (*fig.* 53) comment on peut disposer cette

expérience : T est la théière, qui repose sur un verre en beau cristal G, et est reliée, au moyen d'un fil métallique w, à l'électroscope E. Le résultat de l'expérience, quoique peu considérable, est cependant très-net et très-perceptible si l'on observe avec attention.

L'expérience la plus grandiose qui ait été faite avec des conducteurs creux est due à Faraday, qui se plaça dans une chambre cubique, sorte de cloche construite en bois, et recouverte de papier sur lequel on avait placé de la toile métallique qui enveloppait complétement cette cloche ; elle était suspendue, à fin d'isolement, à des cordes de soie. A l'intérieur de cette chambre métallique, il ne put trouver trace d'électricité, et cela avec les électroscopes les plus sensibles, quelque forte qu'ait été la charge électrique des parois métalliques.

§ 29. — Effets physiologiques de la décharge électrique.

L'effet physiologique du choc ou secousse a été étudié de différentes manières. Graham fit tenir à un certain nombre de personnes une même plaque métallique reliée à l'armature extérieure d'une bouteille de Leyde ; ces mêmes personnes touchaient de l'autre main une baguette métallique sur laquelle on déchargeait la bouteille ; Graham reconnut que la secousse se faisait sentir également par chacune de ces personnes.

L'abbé Nollet forma une chaîne composée de 180 gardes du corps qui se tenaient par la main ; tous ressentirent la secousse produite par la décharge. Il tua, au moyen de la commotion électrique, des moineaux et des poissons de diverses espèces. L'analogie entre ces effets et ceux produits par la foudre et le tonnerre ne devait échapper à personne, et devait guider les recherches dans cette voie.

C'est en effet ce qui se produisit ; au fur et à mesure que les connaissances expérimentales s'étendaient, on se faisait une idée plus exacte et plus définie de la relation qui existe entre la foudre, le tonnerre et les effets électriques.

L'abbé Nollet s'exprime ainsi à ce sujet : « Si quel-
» qu'un entreprenait de prouver, par une comparaison
» bien suivie des phénomènes, que le tonnerre est entre
» les mains de la nature ce que l'électricité est entre les
» nôtres ; que ces merveilles, dont nous disposons main-
» tenant à notre gré, sont de petites imitations de ces
» grands effets qui nous effraient... j'avoue que cette
» idée, si elle était bien soutenue, me plairait beau-
» coup. » Il fait ensuite ressortir les analogies qui existent entre le tonnerre et l'électricité, et continue en ces termes : « Tous ces points d'analogie, que je médite depuis
» quelque temps, concourent à me faire croire qu'on pour-
» rait, en prenant l'électricité pour modèle, se former,
» touchant le tonnerre et les éclairs, des idées plus

» saines et plus vraisemblables que ce qu'on a ima-
» giné jusqu'à présent (1). »

Ces idées étaient prépondérantes à cette époque : ce fut alors que le grand physicien Franklin démontra expérimentalement l'identité complète entre l'éclair des orages et l'étincelle électrique.

A deux reprises différentes, Franklin subit des commotions électriques qui le laissèrent évanoui. Il lança ensuite la décharge d'une batterie de deux bouteilles de Leyde à travers six hommes robustes ; ceux-ci tombèrent à terre et se relevèrent inconscients de ce qui leur était arrivé, n'ayant ni entendu ni senti la décharge. Priestley, qui a tant contribué aux progrès de l'électricité, reçut la décharge d'une batterie de deux jarres, mais n'en éprouva aucun malaise.

Cette expérience concorde avec une des miennes. Me trouvant, il y a quelques années, à côté d'une batterie de quinze grandes bouteilles de Leyde, chargée à saturation, et ayant touché, par mégarde, un fil métallique qui communiquait avec la batterie, je reçus la décharge. Pendant un laps de temps fort sensible, les phénomènes vitaux cessèrent, mais je ne ressentis aucune douleur. Au bout de quelque temps, je repris mes sens, vis confusément l'auditoire et les appareils, et compris

______

(1) PRIESTLEY, *Histoire sur l'électricité*. Ouvrage cité. Traduction française ; tome 1, pages 313-314.

alors seulement que j'avais été frappé par la décharge.
Afin de rassurer les assistants, je déclarai que j'avais
toujours ardemment désiré recevoir accidentellement une
semblable commotion, et que mes vœux se trouvaient ainsi
comblés. Mais, quoique j'eusse recouvré avec une rapidité
très-grande le sentiment *intellectuel* de ma position, il
n'en fut pas de même pour le sentiment *optique*. Ainsi
mon corps m'apparut composé de pièces distinctes : mes
bras, par exemple, me semblaient séparés du tronc et en
suspension dans l'air. En fait, la mémoire et le jugement
semblaient être revenus bien longtemps avant que le
nerf optique eût repris sa fonction normale.

N'est-ce pas là une preuve expérimentale bien concluante, à l'appui de l'assertion que les gens tués par la
foudre n'éprouvent aucune souffrance ?

§ 30. — ÉLECTRICITÉ ATMOSPHÉRIQUE.

L'air, on peut le prouver, est en tout temps un réservoir d'électricité soumis à des variations périodiques.
Nous avons vu que les esprits perspicaces ne tardèrent
pas à soupçonner une origine commune, d'une part, au
crépitement et à la lumière de l'étincelle électrique ; d'autre
part, au tonnerre et à l'éclair. Le savant qui fit à ce
sujet les recherches les plus remarquables est le célèbre
Franklin. qui établit un parallèle complet entre les effets

de l'électricité et ceux de la foudre. Les éclairs qu'il observa en temps d'orage présentaient le même aspect qu'une étincelle électrique allongée ; comme l'électricité, la foudre frappe de préférence les objets terminés en pointe, suit la ligne de moindre résistance, brûle et volatilise les métaux, disperse les corps, et aveugle les personnes qu'elle frappe. Franklin reproduisit tous ces effets, aveuglant un pigeon, tuant une poule et un dindon par la décharge électrique. La *fig.* 54 vous montre

Fig. 54.

(afin de vous permettre la comparaison avec un éclair) l'image d'une longue étincelle obtenue avec une machine électrique en ébonite, munie d'un système de conducteurs disposés de façon à augmenter la longueur de l'étincelle.

Après s'être complétement assuré de l'identité de ces deux agents, Franklin proposa d'enlever l'électricité des nuages au moyen d'un conducteur pointu installé sur une tour de grande hauteur. Mais, avant que la tour fût bâtie, il réalisa son projet à l'aide d'un cerf-volant muni d'un fil métallique pointu. L'électricité descendit, par la corde de chanvre qui retenait le cerf-volant, jusqu'à une clef en fer qui était suspendue au bout de cette corde, laquelle se terminait finalement par un cordon de soie qu'on tenait à la main. Franklin obtint des étincelles et chargea une bouteille de Leyde par l'électricité atmosphérique.

Cependant, frappé des recherches de Franklin, un physicien français avait antérieurement démontré l'origine électrique de la foudre. Une traduction des écrits de Franklin sur ce sujet tomba entre les mains du célèbre Buffon, qui pria d'Alibard, son ami, de la revoir et d'en vérifier l'exactitude. D'Alibard eut alors l'idée d'élever en l'air une tringle de fer, d'environ 40 pieds de hauteur, supportée par des cordes de soie et aboutissant, par son pied, à une guérite. Il en confia la garde à un vieux dragon nommé Coiffier, qui, le 10 mai 1752, entendit un coup de tonnerre, et immédiatement après tira des étincelles de l'extrémité de la barre métallique.

Le danger que présentent les expériences faites avec de semblables tringles ne tarda pas à se révéler. Le professeur Richmann, de Saint-Pétersbourg, avait disposé une barre métallique s'élevant de 3 ou 4 pieds au-dessus du comble de sa maison, barre qui était reliée par une chaîne isolée à un conducteur métallique qui se trouvait dans son cabinet; ce dernier conducteur reposait sur un pied de verre qui l'isolait du sol. Le 6 août 1753, un nuage orageux se déchargea sur la tringle extérieure;

l'électricité se propagea par la chaîne, gagna le conducteur qui se trouvait dans le cabinet de Richmann ; la charge, ne pouvant s'écouler en terre, arrêtée qu'elle était par le pied en verre, frappa à la tête Richmann qui n'était éloigné que d'un pied environ de l'appareil, et le tua sur le coup. S'il avait existé une bonne communication entre les tringles métalliques et la terre, la foudre se serait écoulée librement et sans faire aucun mal.

En 1749, Franklin recommanda l'usage des paratonnerres, et, en 1753, l'abbé Nollet et ses partisans considérèrent comme une impiété de se garantir des feux du ciel, comme un enfant qui éviterait une correction paternelle-d'autres crurent que les paratonnerres attireraient la foudre sur eux et une longue discussion s'éleva pour décider si les paratonnerres devaient être émoussés ou pointus. Wilson prônait les conducteurs émoussés, en contradiction sur ce point avec Franklin, Cavendish et Watson. Il eut gain de cause devant Georges III, roi d'Angleterre, en donnant à entendre que les paratonnerres pointus, en forme de pique, constituaient un emblème républicain hostile à Sa Majesté ; aussi les paratonnerres du palais Buckingham, à Londres, furent-ils terminés par des boules métalliques. Depuis cette époque, on a fait nombre d'expériences diverses qui ont donné raison à Franklin et justifié l'emploi de paratonnerres terminés en pointe. Ce fut en 1769 que l'église Saint-Paul, cathédrale de Londres, fut protégée par des paratonnerres.

Ce fut surtout sur les navires que se fit sentir l'utilité absolue et évidente des paratonnerres, et l'on vit à plusieurs reprises des vaisseaux protégés par ces engins sortir absolument indemnes des atteintes de la foudre, tandis que des navires très-rapprochés et non pourvus de paratonnerres étaient, en même temps, très-endommagés ou même détruits. Mobiles dans le principe et mis en communication avec la mer seulement durant les orages, les paratonnerres de navires sont maintenant fixes, ainsi que l'avait recommandé sir Snow Harris. Quant aux richesses et au nombre de vies humaines que les paratonnerres ont efficacement protégées, leur énumération est sans contredit incalculable !

§ 31. — Choc en retour.

Ce fut en 1779 que le vicomte Charles Mahon, devenu plus tard Lord Stanhope, publia ses *Principes d'électricité*. Après le titre de cet ouvrage, on lit sur la couverture, comme épigraphe : « Ce traité comprend l'explica-
» tion d'un choc en retour électrique, qui peut produire
» des effets désastreux même à une distance considérable
» de l'endroit où tombe la foudre. »

Les expériences de Lord Mahon, qui peuvent servir comme modèle de clarté et de précision scientifiques, seront facilement comprises si l'on se reporte aux principes de l'induction électrique, avec lesquels nous sommes familia-

risés depuis longtemps. Il faut seulement noter que, quand
Lord Mahon parle d'un *corps plongé dans une atmo-*
sphère électrique, cela signifie que ce corps est exposé à
l'action inductrice d'un second corps électrisé, lequel est
supposé entouré d'une semblable atmosphère.

Quelques extraits de son ouvrage feront clairement
connaître la nature de la découverte :

FIG. 55.

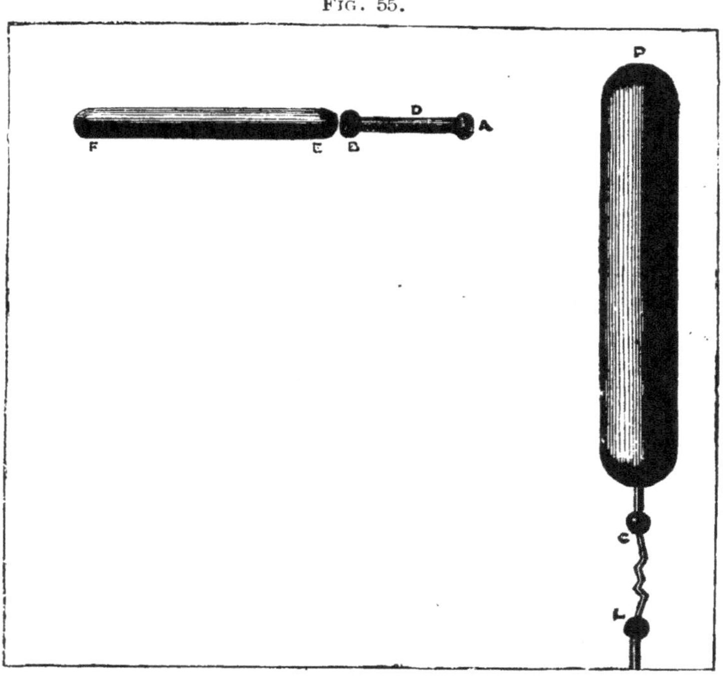

« Je plaçai un cylindre métallique isolé AB (*fig.* 55)
« dans l'atmosphère électrique du grand conducteur

» PC, lorsque celui-ci était chargé, mais à une distance
» telle qu'il ne pouvait y avoir de décharge. La distance
» entre l'extrémité A du cylindre AB et le grand conduc-
» teur était de 20 pouces ($0^m,65$ environ). Le cylindre
» AB était en laiton, long de 18 pouces ($0^m,57$) et
» d'un diamètre de 2 pouces ($0^m,07$). Je disposai alors
» un autre cylindre de laiton EF, de 40 pouces ($1^m,30$
» environ) de longueur sur $3\frac{3}{4}$ pouces ($0^m,11$) de dia-
» mètre environ, de telle façon que son extrémité E
» fût à la distance d'environ $\frac{1}{10}$ de pouce ($0^m,003$) de
» l'extrémité B de l'autre conducteur métallique AB.
» J'électrisai alors le grand conducteur PC. Tant qu'il
» put recevoir une charge d'électricité, il passa un grand
» nombre d'étincelles faibles (rouges ou pourpres) de
» l'extrémité B du corps rapproché AB à l'extrémité E
» du corps éloigné EF. »

Comprenez bien quelle est l'origine de ce courant
d'étincelles rouges ou pourpres ; elles sont évidemment
dues à l'action inductive du conducteur principal PC sur
le corps AB. L'électricité positive de AB, étant repoussée
par le conducteur principal, s'est écoulée vers EF sous
la forme d'un courant d'étincelles.

« Lorsque le conducteur principal, une fois chargé à
» saturation, s'est brusquement déchargé sur une sphère
» métallique L qui avait été mise en communication avec
» le sol, il est arrivé que le fluide électrique, qui avait
» été graduellement repoussé du corps AB dans le corps

» EF, a quitté soudain le corps EF pour gagner le corps
» AB, et cela sous la forme d'une forte et brillante étin-
» celle, qui a éclaté au moment même où la décharge s'est
» produite sur la sphère L.

« J'appelle ce phénomène le *choc en retour*. »

Aux deux conducteurs, Lord Mahon substitua son corps et celui d'une autre personne, montés l'un et l'autre sur des tabourets isolants. Il continue en ces termes :

« Je me plaçai sur un tabouret isolant E (*fig.* 56), de

FIG. 56.

» façon que mon bras droit A se trouvât à une distance
» d'environ 20 pouces ($0^m,65$) d'un fort conducteur

» principal; une autre personne, montée sur un autre
» tabouret isolant K, approcha sa main droite F jusqu'à
» environ $\frac{1}{4}$ de pouce (0ᵐ,008) de ma main gau-
» che B.

» Quand le conducteur principal commença à rece-
» voir sa charge d'électricité, nous sentîmes le fluide
» électrique se portant de ma main B vers la main
» F.

» Lorsque nous séparâmes nos mains B et F à petite
» distance, l'électricité passa entre nous en petites étin-
» celles, qui augmentèrent d'intensité lorsque nous écar-
» tâmes davantage nos mains B et F, jusqu'à ce que
» nous eussions dépassé la limite dans laquelle elles pou-
» vaient se produire. Les intervalles de temps qui sépa-
» raient la production de ces étincelles augmentaient,
» naturellement, en raison directe du plus grand écar-
» tement de nos mains B et F.

» Aussitôt que le conducteur principal se fut dé-
» chargé sur la boule L, l'excès d'électricité que l'autre
» personne avait reçue de mon corps la quitta pour se
» porter vers moi sous la forme d'une vive étincelle, qui
» partit de sa main F au moment même où eut lieu l'ex-
» plosion de la décharge du conducteur principal sur la
» boule L.

» Je restai sur le tabouret isolant E et je fis placer
» l'autre personne sur le parquet. Le choc en retour qui
» se produisit dans ce cas fut *plus intense* qu'aupara-

» vant, et en voici la raison : l'autre personne, n'étant
» pas isolée, transmit librement son électricité surabon-
» dante dans le sol ; conséquemment, je devins plus éner-
» giquement négatif qu'auparavant.

» Lorsque, dans ce dernier cas, le choc en retour fut
» sur le point de se produire, non-seulement l'électricité
» qui était passée de mon corps dans celui de l'autre
» personne, mais encore l'électricité qui était passée de
» mon corps dans le sol (à travers le corps de l'autre
» personne), firent soudain retour vers moi de sa main F
» vers la mienne B, au moment même où le conduc-
» teur principal se déchargeait sur la boule L. C'est
» pourquoi le choc en retour fut plus intense qu'au-
» paravant. »

Lord Mahon fit fondre ainsi des métaux, et obtint à
l'aide du choc en retour des effets physiologiques très-
énergiques.

Le choc en retour occasionné par la foudre produit
des effets désastreux. La surface de la terre, avec les animaux et les hommes qu'elle porte, peuvent être fortement influencés par une des extrémités d'un nuage
électrisé. La décharge peut se produire à l'autre extrémité du nuage, à une distance de plusieurs kilomètres ;
le rétablissement de l'équilibre électrique, par suite du
choc en retour, peut être assez violent pour causer la
mort.

C'est ce qu'avait bien compris lord Mahon, et c'est à

son ouvrage que nous empruntons la *fig.* 57. ABC est
le nuage électrisé dont les deux extrémités A et C se
trouvent près de terre ; la décharge se produit en C ; un
homme en F est tué par le choc en retour, tandis que des

FIG. 57.

êtres vivants en D, plus rapprochés du point frappé,
mais en même temps plus éloignés du nuage, sont sains
et saufs.

Nous pouvons reproduire le choc en retour de la façon
suivante : Reliez un des bras de votre excitateur universel
(*fig.* 49) à un conducteur analogue à C (*fig.* 20) et mettez
l'autre bras de l'excitateur en communication avec le sol.
Placez C à quelque distance du conducteur de votre machine,
mais assez loin pour que l'étincelle ne puisse se produire ;
en mettant la machine en action, un courant de faibles
étincelles passera contre les deux pointes de l'excitateur.

Faites décharger, de temps en temps, par un aide le conducteur principal de la machine ; à chaque décharge le choc en retour se révèle par une étincelle en s, entre les pointes de l'excitateur. Si, entre ces pointes, on place un peu de fulmi-coton saupoudré de pulvérin, celui-ci détone et le coton-poudre s'enflamme ; si on relie les deux pointes de l'excitateur par un fil d'argent très-fin, celui-ci est volatilisé.

On peut faire disparaître le courant d'étincelles repoussées que l'on voit dans le principe en établissant une communication *imparfaite* entre le conducteur C et la terre, ce que l'on peut réaliser parfaitement en faisant usage d'une chaîne reposant sur la table sèche qui porte les conducteurs. La chaîne, plutôt que l'espace s, laisse passer les étincelles les plus faibles, mais le choc en retour est trop fort et trop brusque pour se contenter de la voie qui lui est ouverte dans la chaîne et la table, et, lorsqu'on décharge le conducteur principal, on voit apparaître l'étincelle en s.

C'est l'action du choc en retour sur les membres inférieurs de grenouilles mortes, qui, observée dans le laboratoire de Galvani, suggéra à ce savant l'idée d'entreprendre des expériences sur l'électricité animale, expériences qui conduisirent Volta à la découverte du genre d'électricité qui porte' son nom, l'*électricité voltaïque.*

§ 32. — Batterie de Leyde. — Les courants et leurs principaux effets.

Dans la batterie de Leyde ordinaire, que nous avons décrite § 19, toutes les armatures intérieures sont reliées entre elles, et de même toutes les armatures extérieures sont en communication les unes avec les autres. Une semblable batterie se comporte comme une seule jarre ou bouteille de Leyde, de dimensions extraordinaires.

Les fils métalliques s'échauffent quand ils sont traversés par des décharges électriques modérées ; si l'on augmente la charge, les fils rougissent ; avec une charge plus intense, le métal entre en fusion et les fils tombent en morceaux ; enfin, avec une charge plus intense encore, le métal est entièrement réduit en vapeur et volatilisé.

Pour que ces expériences réussissent, le fil métallique doit être de faible grosseur ; s'il ne présente pas de résistance, il n'y a pas de chaleur engendrée, et, lorsque le fil est fort, il n'offre que très-peu de résistance. Le

FIG. 58.

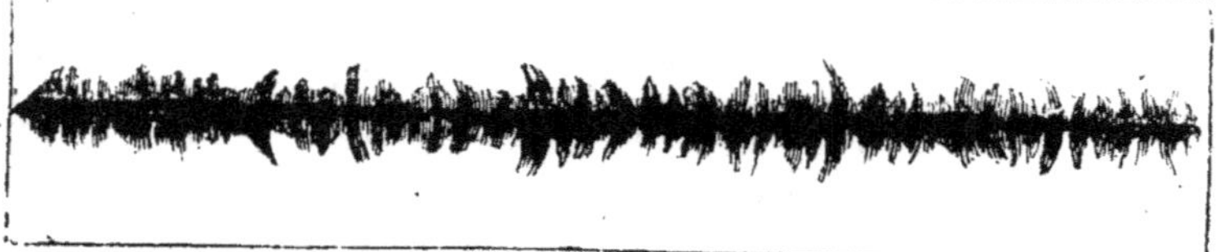

résultat de la décharge varie avec les diverses natures de fils. La *fig.* 58 montre l'effet que produit la déflagration d'un fil d'argent près d'une feuille de papier blanc.

Lorsqu'on lance la décharge d'une très-forte batterie dans une chaîne en acier dont les chaînons ne sont pas soudés, les étincelles qui éclatent entre les extrémités des chaînons emportent avec elles des particules incandescentes d'acier; celles-ci se consument dans l'air, et la chaîne, sur toute sa longueur, semble momentanément en feu. Des chaînes métalliques ont été fondues parfois lorsqu'elles ont été traversées par une décharge de foudre.

En nous reportant à l'idée d'un fluide électrique, nous sommes conduits tout naturellement à la conception d'un *courant ;* c'est précisément le courant électrique qui produit les effets que nous venons de décrire. Dans le plus grand nombre de nos expériences précédentes, nous avons vu l'électricité à l'état de repos (*électricité statique*); ici, nous avons l'électricité en mouvement (*électricité dynamique*).

Enroulons, en spirale plate, une longueur de 20 à 25 mètres de fil de cuivre; plaçons cette *spirale primaire* à petite distance d'une *spirale secondaire* absolument semblable, mais dont les deux extrémités sont mises en communication, de façon à établir un circuit métallique fermé ; lorsqu'on décharge une batterie de Leyde à travers la *spirale primaire*, le passage du courant dans la *spirale primaire* fait naître un courant dans la *spirale secondaire :* ce courant secondaire peut brûler des fils métalliques et produire tous les autres effets des décharges électriques. Même lorsque les spirales sont éloignées de 1 mètre, la secousse produite par le courant secondaire est encore fort sensible.

Le courant de la spirale secondaire peut agir, lui aussi, sur une troisième spirale, et cette troisième sur une quatrième, exactement comme la *spirale primaire* a agi sur la *spirale secondaire*. Un courant tertiaire est alors provoqué par le courant secondaire dans la quatrième *spirale*.

En transportant ce courant tertiaire dans une cinquième spirale, et en le faisant agir par induction sur une sixième spirale, nous obtenons dans cette dernière un courant de quatrième ordre. Nous engendrons ainsi une longue succession de courants, qui ont tous pour origine le courant produit par la décharge de la batterie dans la première spirale. C'est au professeur Henry, des États-Unis d'Amérique, et au professeur Riess, de Berlin, que la science doit la découverte des lois qui régissent ces courants. Toutefois leurs recherches n'ont fait que suivre des expériences semblables qui avaient été entreprises par Faraday avec l'électricité voltaïque.

Outre les faits de frottement et d'induction, l'électricité est engendrée par les moyens suivants :

Le contact de métaux différents produit de l'électricité ;

Le contact des métaux avec les liquides produit de l'électricité ;

Un changement dans la nature du contact de deux corps produit de l'électricité ;

Une action chimique produit un courant continu d'électricité (électricité voltaïque) ;

La chaleur, agissant convenablement sur des métaux dissemblables, produit un courant continu d'électricité, (thermo-électricité) ;

L'élévation et l'abaissement de la température dans certains cristaux produit de l'électricité (pyro-électricité).

Le mouvement des aimants et des corps traversés par des courants électriques produit de l'électricité (magnéto-électricité) ;

Le frottement du sable contre une plaque de métal produit de l'électricité ;

Le frottement de gouttelettes de vapeur condensée contre une soupape de sûreté, ou mieux contre des ajutages en bois dans lesquels passe la vapeur, produit de l'électricité, (machine hydro-électrique d'Armstrong).

Toutes ces actions sont des manifestations différentes d'une seule et même force, et elles nécessitent toutes une dépense équivalente de travail mécanique.

Nous n'avons pas à traduire ici, à la lettre, les conclu
sions de ce travail telles qu'elles ont été exposées par le
professeur Tyndall; elles sont formulées à un point de vue
exclusivement britannique, qui n'a pas complétement
raison d'être en France. Nous nous contenterons donc de
résumer ces conclusions en ce qu'elles peuvent intéresser
nos lecteurs français.

Le prix très-élevé des appareils a souvent été un
obstacle considérable au développement de la science et
à l'introduction de la Physique dans l'enseignement élémentaire; à M. Tyndall revient le mérite d'avoir prouvé
que cet obstacle est plutôt illusoire qu'insurmontable.
Ainsi, après la lecture de ces Leçons, il est évident que,
pour une dépense très-minime, tout maître un peu intelligent pourra exposer à ses élèves et démontrer expérimentalement les principes élémentaires de l'électricité statique ou électricité de frottement; non-seulement ses
élèves acquerront de ce chef des connaissances très-
précieuses, mais encore il exercera leurs intelligences aux
raisonnements scientifiques, en développant chez eux
l'esprit d'observation, de réflexion, et l'idée de vérification
expérimentale.

M. le professeur Tyndall fait observer à tous les membres du corps enseignant que c'est d'eux que dépendent exclusivement les progrès scientifiques d'une nation, et qu'ils font fausse route en se servant toujours, pour leurs démonstrations, d'appareils scientifiques d'un prix élevé. Leur objectif principal doit être de développer dans les masses le goût des études scientifiques, et l'on n'y arrive guère à coup sûr qu'en en démontrant les principes et les faits principaux à l'aide d'appareils simples, que tout le monde peut construire, et en donnant ainsi aux élèves la possibilité de reproduire eux-mêmes les expériences.

Du reste, le temps que passera le maître à imaginer des instruments très-simples ne sera pas perdu pour lui, car il acquerra de ce chef une habileté et des connaissances expérimentales très-précieuses ; aussi est-il nécessaire, avant chaque leçon, de préparer et de répéter les expériences qu'on doit exécuter devant les élèves. Les expériences ne font-elles pas, en effet, partie intégrante de la leçon orale, qu'elles corroborent ? Il est vrai qu'elles nécessitent une dépense de temps souvent considérable, mais aussi absolument indispensable et qu'il est bon de prévoir très-largement dans la distribution des matières qui font l'objet des leçons.

M. le professeur Tyndall termine en déplorant l'état dans lequel se trouve l'enseignement des sciences dans la Grande-Bretagne, où l'instruction est laissée à l'initiative privée et n'est pas, comme en France, soumise au contrôle de l'Administration. Il cite les résultats d'une

enquête faite en 1875 chez nos voisins d'outre-Manche,
d'où il ressort que, sur 120 grands établissements d'instruction, on n'enseigne les sciences physiques que dans
moins de 60; dans ce nombre, 13 seulement possèdent un laboratoire, et 18 quelques appareils. Sur ces
120 écoles, dans 20 on ne consacre que quatre heures
par semaine à l'enseignement des sciences et ce n'est que
dans 13 que ces matières font l'objet d'examens spéciaux.
Aussi l'enseignement. scientifique est-il, en Angleterre,
dans des conditions que déplorent les amis du progrès,
et qu'ils considèrent comme une calamité nationale.

S'il n'en est pas tout à fait de même en France, toujours
est-il que la Physique et la Chimie ne jouent pas dans
l'instruction des masses un rôle suffisant, et cela doit être
attribué au prix élevé des instruments nécessaires pour
rendre ces matières sinon intéressantes du moins compré-
hensibles.

M. le professeur Tyndall rend donc un service considérable à la société tout entière en vulgarisant la science
non-seulement par la publication de ces *Leçons*, où sous
une forme concise il expose les principes fondamentaux
de la science, mais encore, et surtout, en n'employant
pour ses démonstrations que des appareils absolument
rudimentaires, à la fois à la portée de toutes les intelligences et aussi à la portée de toutes les bourses.

Fin.

TABLE DES MATIÈRES

9.

Imp. A. DERENNE, Mayenne. — Paris, boul. Saint-Michel, 52.

LIBRAIRIE DE GAUTHIER-VILLARS,
Quai des Augustins, 55.

CATALOGUE DE PHOTOGRAPHIE.

Abney (le capitaine), Professeur de Chimie et de Photographie à l'École militaire de Chatham. — *Cours de Photographie.* Traduit de l'anglais par LÉONCE ROMMELAER. 3ᵉ éd. Gr. in-8, avec planche photoglyptique; 1877. 5 fr.

Aide-Mémoire de Photographie pour 1884, publié sous les auspices de la Société photographique de Toulouse, par M. C. FABRE. Huitième année, contenant de nombreux renseignements sur les procédés rapides à employer pour portraits dans l'atelier, les émulsions au coton-poudre, à la gélatine, etc. In-18, avec fig. dans le texte et spécimen.

> Prix : Broché.................. Épuisé.
> Cartonné................ 2 fr. 25 c.
> *Les volumes des années précédentes, sauf 1876 et 1879, se vendent aux mêmes prix.*

Annuaire Photographique, par *A. Davanne.* 2 vol. in-18, années 1867 et 1868. Chaque volume se vend séparément :
> Prix : Broché.............. 1 fr. 75.

Aubert. — *Traité élémentaire et pratique de Photographie au charbon.* 2ᵉ édition. In-18 jésus; 1882. 1 fr. 50 c.

Audra. — *Le gélatino-bromure d'argent.* 2ᵉ édition In-18 jésus; 1884. 1 fr. 75 c.

Blanquart-Evrard. — *Intervention de l'art dans la Photographie.* In-12, avec une photographie; 1864. 1 fr. 50 c.

Boivin (F.). — *Procédé au collodion sec.* 3ᵉ édition, augmentée du formulaire de Th. Sutton, des tirages aux poudres inertes (procédé au charbon), ainsi que de notions pratiques sur la Photographie, l'Electrogravure et l'Impression à l'encre grasse. In-18 jés.; 1883. 1 fr 50 c.

Bulletin de la Société française de Photographie. Grand in-8, mensuel. 31ᵉ année; 1885.
> Prix pour un an : Paris et les départements. 12 fr.
> Étranger. 15 fr.

Bulletin de l'Association belge de Photographie. Grand in-8, mensuel, 12ᵉ année; 1885.
> Prix pour un an : France et Union postale. 27 fr.
> Les volumes des années précédentes se vendent séparément. 25 fr.

Burton (W.-K.). — *A B C de la Photographie moderne,* contenant des instructions pratiques sur le *Procédé sec à la gélatine.* Traduit de l'anglais sur la 3ᵉ édition par G. HUBERSON. In-18 jésus, avec figures dans le texte; 1884. 2 fr. 25 c.

I

Chardon (Alfred). — *Photographie par émulsion sèche au bromure d'argent pur* (Ouvrage couronné par le Ministre de l'Instruction publique et par la Société française de Photographie). Gr. in-8, avec fig.; 1877.   4 fr. 5o c.

Chardon (Alfred). — *Photographie par émulsion sensible, au bromure d'argent et à la gélatine.* Grand in-8, avec figures; 188o.   3 fr. 5o c.

Clément (R.). — *Méthode pratique pour déterminer exactement le temps de pose en Photographie,* applicable à tous les procédés et à tous les objectifs, indispensable pour l'usage des nouveaux procédés rapides. 2e édition. In-18; 1884.   1 fr. 5o c.

Cordier (V.). — *Les insuccès en Photographie; causes et remèdes.* 4e édit. avec fig. Nouveau tirage. In-18 jésus; 1883.   1 fr. 75 c.

Davanne. — *La Photographie. Traité théorique et pratique.* 2 volumes grand in-8.   (*Sous presse.*)

Davanne. — *Les Progrès de la Photographie.* Résumé comprenant les perfectionnements apportés aux divers procédés photographiques pour les épreuves négatives et les épreuves positives, les nouveaux modes de tirage des épreuves positives par les impressions aux poudres colorées et par les impressions aux encres grasses. In-8; 1877.   6 fr. 5o c.

Davanne. — *La Photographie, ses origines et ses applications.* Grand in-8, avec figures; 1879.   1 fr. 25 c.

Davanne. — *La Photographie appliquée aux Sciences.* Grand in-8; 1881.   1 fr. 25 c.

Davanne. — *Notice sur la vie et les travaux de Poitevin.* In-8, avec figures; 1882.   75 c.

Derosne (Ch.). — *La Photographie pour tous.* Traité élémentaire des nouveaux procédés. Orné d'une photo typie. Grand in-8; 1882.   3 fr.

Ducos du Hauron (H. et L.). — *Traité pratique de la Photographie des couleurs* (Heliochromie). Description des moyens d'exécution récemment découverts. In-8; 1878.   3 fr.

Dumoulin. — *Manuel élémentaire de Photographie au collodion humide.* In-18 jésus, avec figures.   1 fr. 5o c.

Dumoulin. — *Les Couleurs reproduites en Photographie.* Historique, théorie et pratique. In-18 jésus.   1 fr. 5o c.

Eder (Dr), Membre de l'Institut polytechnique de Vienne. — *Théorie et pratique du procédé au gélatino-bromure d'argent.* Traduction française de la 2e édition allemande par H. COLARD et O. CAMPO, membres de l'association belge de Photographie. Grand in-8, avec portrait de l'auteur et 58 fig. dans le texte; 1883. 6 fr.

Fabre (C.). — *La Photographie sur plaque sèche.* —

Émulsion au coton-poudre avec bain d'argent. In-18
jésus; 1880.   1 fr. 75 c.

Fortier (G.). — *La Photolithographie, son origine, ses procédés, ses applications.* Petit in-8, orné de planches,
fleurons, culs-de-lampe, etc., obtenus au moyen de la
Photolithographie; 1876.   3 fr. 50 c.

Geymet. — *Traité pratique de Photographie* (Éléments
complets, Méthodes nouvelles, Perfectionnements), suivi
d'une Instruction sur le *procédé au gélatinobromure.*
3ᵉ édition. In-18 jésus; 1885.   4 fr.

Geymet. — *Traité pratique de Photolithographie et de
Phototypie.* 2ᵉ tirage. In-18 jésus; 1882.   5 fr.

Geymet. — *Traité pratique de gravure héliographique et de
galvanoplastie.* 2ᵉ éd. In-18 jésus; 1885. (*Sous presse.*)

Geymet. — *Traité pratique des émaux photographiques.
Secrets* (tours de main, formules, palette complète, etc.)
*à l'usage du photographe émailleur sur plaques et sur
porcelaines.* 2ᵉ édition (second tirage). In-18 jésus; 1882.
                                                     5 fr.

Geymet. — *Traité pratique de Céramique photographique.*
Épreuves irisées or et argent (Complément du *Traité des
émaux photographiques*). In-18 jésus; 1885. 2 fr. 75 c.

Geymet. — *Traité pratique du procédé au gélatino-
bromure.* In-18 jésus; 1885.   (*Sous presse.*)

Geymet. — *Éléments du procédé au gélatinobromure.*
In-18 jésus; 1882.   1 fr.

Godard (E.). Artiste peintre décorateur. — *Traité pratique de peinture et dorure sur verre. Emploi de la lumière; application de la Photographie.* Ouvrage destiné
aux peintres, décorateurs, photographes et artistes ama-
teurs. In-18 jésus; 1885.   1 fr. 75 c.

Hannot (le capitaine), Chef du service de la Photographie
à l'Institut cartographique militaire de Belgique. —
Exposé complet du procédé photographique à l'émulsion
de M. WARNERCKE, lauréat du Concours international pour
le meilleur procédé au collodion sec rapide, institué par
l'Association belge de Photographie en 1876. In-18
jésus; 1880.   1 fr. 50 c.

Huberson. — *Formulaire de la Photographie aux sels d'argent.* In-18 jésus; 1878.   1 fr. 50 c.

Huberson. — *Précis de Microphotographie.* In-18 jésus,
avec figures dans le texte et une planche en photogravure; 1879.   2 fr.

Journal de l'Industrie photographique, *Organe de la
Chambre syndicale de la Photographie.* Grand in-8, mensuel. 6ᵉ année; 1885.

    Prix pour un an : Paris, France, Étranger.   7 fr.

Klary, Artiste photographe. — *L'éclairage des portraits* *photographiques*. Emploi d'un écran de tête, mobile et coloré. 5e édition. Gr. in-8, avec 2 pl.; 1878.   2 fr.

Monckhoven (Dr Van). — *Traité général de Photographie*, suivi d'un chapitre spécial sur le *gélatino-bromure d'argent*. 7e éd., nouveau tirage. Grand in-8, avec planches et figures intercalées dans le texte; 1884.   16 fr.

Moock. — *Traité pratique complet d'impressions photographiques aux encres grasses et de phototypographie et photogravure*. 2e édition, beaucoup augmentée. In-18 jésus; 1877.   3 fr.

Odagir (H.). — *Le Procédé au gélatıno-bromure*, suivi d'une Note de M. MILSOM sur les clichés portatifs et de la traduction des Notices de M. KENNETT et du Rév. G. PALMER. In-18 jésus, avec figures dans le texte. Nouveau tirage; 1883.   1 fr. 50 c.

O'Madden (le Chevalier C.). — *Le Photographe en voyage*. Emploi du gélatino-bromure. — Installation en voyage. Bagage photographique. In-18; 1882.   1 fi.

Pélegry, Peintre amateur, Membre de la Société photographique de Toulouse. — *La Photographie des peintres, des voyageurs et des touristes. Nouveau procédé sur papier huilé*, simplifiant le bagage et facilitant toutes les opérations, avec indication de la manière de construire soi-même les instruments nécessaires. In-18 jésus, avec un spécimen; 1879.   1 fr. 75 c.

Perrot de Chaumeux (L.). — *Premières Leçons de Photographie*. 4e édition, revue et augmentée. In-18 jésus, avec figures; 1882.   1 fr. 50 c.

Pierre Petit (Fils). — *La Photographie artistique. Paysages. Architecture. Groupes* et *Animaux*. In-18 jésus; 1883.   1 fr. 25 c.

Pierre Petit (Fils). — *Manuel pratique de Photographie*. In-18 jésus, avec figures dans le texte; 1883.   1 fr. 50 c.

Pierre Petit (Fils). — *La Photographie industrielle.* Vitraux et émaux. Positifs microscopiques. Projections. Agrandissements. Linographie. Photographie des infiniment petits. Imitations de la nacre, de l'ivoire, de l'écaille. Éditions photographiques. Photographie à la lumière électrique, etc. In-18 jésus; 1883.   2 fr. 25 c.

Piquepé (P.). — *Traité pratique de la Retouche des clichés photographiques*, suivi d'une *Méthode très détaillée d'émaillage* et de *Formules et Procédés divers*. In-18 jésus, avec deux photoglypties; 1881.   4 fr. 50 c.

Pizzighelli et Hübl. — *La Platinotypie. Exposé théorique et pratique d'un procédé photographique aux sels de platine, permettant d'obtenir rapidement des épreuves inaltérables.* Traduit de l'allemand par HENRY GAUTHIER-VILLARS. In-8, avec planche spécimen; 1883. 3 fr. 50 c.

Poitevin (A.). — *Traité des impressions photographiques;*

LIBRAIRIE DE GAUTHIER-VILLARS,

QUAI DES AUGUSTINS, 55, A PARIS.

Envoi franco dans toute l'Union postale contre mandat de poste
ou valeur sur Paris.

LES

ORGANISMES VIVANTS

DE

L'ATMOSPHÈRE

Étude sur les semences aériennes des moisissures et des
bactéries, sur les procédés usités pour récolter, isoler,
compter et cultiver ces deux classes de microbes, et sur
l'application de ces recherches à l'hygiène générale des
villes et des asiles hospitaliers,

Par M. P. MIQUEL,

Docteur ès sciences, Docteur en Médecine
Chef du Service micrographique à l'Observatoire de Montsouris.

Un beau volume grand in-8, avec 86 figures dans le texte,
2 planches gravées sur acier, et de nombreux tableaux
de statistique microscopique ; 1883.— Prix : 9 fr. 50 c.

L'importance de l'étude des microbes atmospneriques
est aujourd'hui reconnue par tous et l'on ne conteste plus
les services que cette branche de la Science rend à la Médecine, à la Chirurgie, à l'Hygiène comme à l'étiologie des
maladies infectieuses et à l'épidémicité.

Le Livre de M. le Dr Miquel, fruit de patientes recherches
exécutées depuis sept années à l'Observatoire de Montsouris,
initie le lecteur au monde invisible des germes voltigeant
sans cesse dans l'atmosphère. Après un historique impar-
tial des travaux de micrographie ancienne, exécutés depuis Ehrenberg jusqu'à nos jours, l'Auteur aborde l'exposition des procédés très simples et la description des
appareils *aéroscopiques* destinés à recueillir et à montrer
les semences cryptogamiques des moisissures répandues
en abondance parmi les sédiments atmosphériques ; l'Auteur discute ensuite le mérite respectif de chaque instrument, depuis l'appareil primitif inventé par Pouchet jus-

qu'aux aéroscopes installés actuellement à l'Observatoire de Montsouris. Cela fait, plusieurs paragraphes sont spécialement consacrés aux organismes de l'air, faciles à discerner avec le secours des grossissements vulgaires, aux pollens, aux grains d'amidon, aux spores des mucédinées, des algues, des lichens, etc., au dénombrement de ces mêmes cellules, aux lois qui régissent leur apparition et leur disparition, aux causes qui provoquent leurs recrudescences subites ou progressives, etc. Mais c'est surtout l'histoire des germes aériens des bactéries qui a paru à M. Miquel demander le plus de développement. Après un aperçu des travaux de MM. Pasteur, Tyndall et de plusieurs autres savants sur cette matière, un long Chapitre traite de la nature et de la physionomie des bactéries peuplant les atmosphères libres et confinées, des espèces microbiques communes et des formes diverses qu'elles peuvent adopter momentanément en laissant alors le champ ouvert aux illusions; cette partie, comme toutes d'ailleurs, est essentiellement pratique. Dans les Chapitres qui suivent, l'Auteur développe les procédés de fabrication et les modes de stérilisation des liquides propres au rajeunissement et à la culture des bactéries.

Les derniers Chapitres sont surtout affectés à l'exposition des résultats de la statistique des germes tenus en suspension dans l'air du parc de Montsouris, du centre de Paris, des égouts, des habitations, des hôpitaux, des régions élevées de l'atmosphère. Comme pour les spores des moisissures, il existe des lois générales qui régissent la diffusion des semences infiniment petites de bactéries; leur détermination et leur étude font l'objet de plusieurs paragraphes d'un grand intérêt; car on ne découvrira des mesures prophylactiques efficaces contre l'invasion des microbes qu'en mettant en œuvre les méthodes indiquées par l'expérience : soit pour fixer les bactéries, soit pour les faire disparaître des lieux où elles peuvent s'accumuler, s'éterniser ou prendre naissance et pulluler. Le parallélisme manifeste entre le chiffre des décès observés à Paris par les maladies dites *zymotiques* et le nombre des germes récoltés à la rue de Rivoli est un fait dont l'Auteur fait ressortir l'importance. Enfin, dans le Chapitre IX et dernier, on classe les diverses substances antiseptiques suivant leur puissance d'action déterminée par une longue suite de recherches expérimentales.

LIBRAIRIE DE GAUTHIER-VILLARS,

QUAI DES AUGUSTINS, 55, A PARIS.

Envoi franco dans toute l'Union postale contre mandat de poste
ou valeur sur Paris.

L'ÉCOLE PRATIQUE DE PHYSIQUE.

COURS

DE

MANIPULATIONS

DE

PHYSIQUE,

PRÉPARATOIRE A LA LICENCE;

PAR E. AIMÉ WITZ,

Docteur ès Sciences, Ingénieur des Arts et Manufactures
Professeur aux Facultés Catholiques de Lille.

UN BEAU VOLUME IN-8, AVEC 166 FIGURES DANS LE TEXTE
Prix : 12 fr.

PRÉFACE.

Ce n'est pas sans inquiétude que, cédant au désir d'amis
trop bienveillants, je livre à la publicité ce Cours de Travaux pratiques, destiné aux candidats à la Licence. Les
difficultés de la tâche que j'ai entreprise sont, en effet,
très grandes : il s'agit de présenter sous une forme didactique l'enseignement expérimental qui se donne au laboratoire, en face des instruments.

C'est par les manipulations que l'élève acquiert la dextérité nécessaire au physicien : c'est là qu'au dire de
Franklin il apprend à scier avec une vrille et à forer avec
une scie. Cette éducation manuelle serait, pour quelques
juges très compétents, le principal résultat de l'Ecole
pratique : or un livre ne pourrait y contribuer que dans
une faible mesure.

Il semble toutefois que ceux qui ont créé les laboratoires d'enseignement se soient proposé un but plus élevé :
en mettant entre des mains novices et inexpérimentées les
appareils délicats et précis de Fresnel, de Melloni et de
Regnault, ils n'ont pas voulu seulement faire connaître à
l'élève le jeu de ces instruments; mais, s'ils l'invitent à
reproduire les expériences instituées par les maîtres, c'est
pour qu'il comprenne l'esprit des méthodes, qu'il en saisisse les finesses et en apprécie les perfectionnements

successifs. Un Cours de Travaux pratiques doit donc être l'écho et le complément des leçons de Physique générale données *ex professo;* ce sera une gymnastique de l'esprit non moins que des doigts. A ce point de vue, un Traité de Manipulations présente une utilité incontestable : accordant au Manuel opératoire une part plus large que ne peut le faire un livre purement théorique, il fournit au jeune physicien des indications pratiques très précieuses, en même temps qu'il lui procure les moyens d'analyser et de discuter les procédés d'observation et de mesure.

Telles sont les idées qui ont présidé à la composition de cet Ouvrage.

Ancien élève du laboratoire de M. Desains, je n'ai eu qu'à me ressouvenir. J'ai aussi consulté avec fruit le *Leitfaden der praktischen Physik* de M. Kohlrausch, ainsi que le *Traité de Manipulations* que Henri Buignet a écrit pour ses élèves de l'Ecole de Pharmacie. Mais c'est surtout en m'inspirant des besoins et de l'expérience de mon enseignement à la Faculté catholique des Sciences de Lille que j'ai tracé le plan et coordonné les détails de ce Livre.

Toutes les manipulations qui le composent sont rédigées sur un modèle uniforme. Une *Introduction théorique* très succincte pose la question à étudier, donne le sens des notations adoptées, et indique les solutions par les formules établies dans le Cours de Physique. Vient ensuite, sous la rubrique *Description,* un examen rapide des instruments nécessaires à la manipulation ; des gravures, empruntées pour la plupart à l'excellent Traité de MM. Jamin et Bouty ou mises à notre disposition par nos constructeurs, permettent à l'élève de suivre sans peine les explications données dans le texte, d'y suppléer au besoin et de reproduire la disposition d'ensemble des appareils.

Le *Manuel opératoire* a été l'objet de tous mes soins ; j'ai cherché à être très précis sans devenir trop laconique. Chaque exercice aboutit à une mesure : les résultats numériques exacts sont indiqués à la fin de chaque Chapitre et réunis dans un Tableau synoptique. Toutes ces expériences sont réalisables avec les ressources ordinaires d'un laboratoire de Faculté : j'ai pris comme type le cabinet de Physique organisé à Lille par M. Chautard ; il peut être proposé pour modèle.

Mon ambition a été de condenser tous les détails pratiques épars dans les Mémoires originaux : des notes bibliographiques indiquent les sources auxquelles j'ai puisé ; il sera facile d'y remonter au besoin. Je n'ai guère dépassé le cercle des collections qui composent les bibliothèques de laboratoire.

Je ne regretterai pas mes peines, si ce Livre peut, malgré ses imperfections, contribuer à former de solides licenciés et à préparer les jeunes gens aux recherches plus approfondies qui conduisent au doctorat.

Aimé WITZ.

www.ingramcontent.com/pod-product-compliance
Lightning Source LLC
LaVergne TN
LVHW020630200726
843508LV00002B/567